Wei Jun
Li Zhu

Investigação sobre a modelação de sensores suaves com base na condição de multi-operação

Wei Jun
Li Zhu

Investigação sobre a modelação de sensores suaves com base na condição de multi-operação

para o processo de fermentação da picha pastroris

ScienciaScripts

Imprint

Any brand names and product names mentioned in this book are subject to trademark, brand or patent protection and are trademarks or registered trademarks of their respective holders. The use of brand names, product names, common names, trade names, product descriptions etc. even without a particular marking in this work is in no way to be construed to mean that such names may be regarded as unrestricted in respect of trademark and brand protection legislation and could thus be used by anyone.

Cover image: www.ingimage.com

This book is a translation from the original published under ISBN 978-620-8-06582-9.

Publisher:
Sciencia Scripts
is a trademark of
Dodo Books Indian Ocean Ltd. and OmniScriptum S.R.L publishing group

120 High Road, East Finchley, London, N2 9ED, United Kingdom
Str. Armeneasca 28/1, office 1, Chisinau MD-2012, Republic of Moldova, Europe
Printed at: see last page
ISBN: 978-620-8-23694-6

Conteúdo

Como sistema de expressão eucariótico desenvolvido na última década, o sistema de expressão *Pichia Pastoris* é um dos sistemas de expressão de proteínas heterólogas mais bem sucedidos. Em comparação com outros sistemas de expressão existentes, *a Pichia Pastoris* tem vantagens óbvias em termos de processamento, secreção extrínseca, modificação pós-tradução e modificação da glicosilação dos produtos de expressão, e tem vantagens de elevado nível de expressão e cultura fácil. Tem sido utilizada na produção em grande escala na indústria. Atualmente, existem mais de 1000 tipos de proteínas estranhas, como a protease K e o fator de crescimento epidérmico recombinante, que são bem conhecidas e produzidas utilizando o sistema de expressão *de Pichia Pastoris*, abrangendo muitos domínios, como o alimentar, o médico, o industrial e o agrícola.

Para obter uma expressão de alta qualidade do sistema de expressão *de Pichia Pastoris*, é necessário otimizar e controlar dinamicamente o processo de fermentação *de Pichia Pastoris* em tempo real e controlar com precisão a produção de *Pichia Pastoris* em condições de processo óptimas. No entanto, o processo de fermentação *da Pichia Pastoris* é complexo, com caraterísticas altamente não lineares, multivariadas, em várias fases e variáveis no tempo, e um forte acoplamento entre vários parâmetros que afectam a expressão de alta qualidade de proteínas exógenas. Além disso, diferentes lotes de fermentação apresentam várias condições de trabalho, e os métodos de controlo convencionais baseados em modelos dinâmicos são difíceis de obter um bom desempenho dinâmico. O controlo de otimização é ainda mais difícil de conseguir e não pode satisfazer as necessidades reais de controlo industrial da fermentação. Ao mesmo tempo, alguns parâmetros-chave que afectam diretamente a qualidade do processo de fermentação de bactérias fotossintéticas, como a concentração bacteriana, são difíceis de medir diretamente em linha (os novos biossensores ainda têm sérios problemas de estabilidade de medição, condições de operação e manutenção, e preço, e a sua aplicação prática no processo de fermentação de *Pichia Pastoris* ainda precisa de tempo). Atualmente, estes parâmetros-chave continuam a ser medidos através de amostragem offline, análise laboratorial e outros métodos. No entanto, a deteção offline tem um longo tempo de atraso, grandes erros de medição e é propensa à contaminação humana. Além disso, a precisão da medição é afetada por factores como a morte bacteriana e os erros de medição, que não podem refletir o estado atual do processo de fermentação *da Pichia Pastoris* em tempo útil e não podem satisfazer os requisitos do controlo dinâmico em tempo real.

A tecnologia de sensores suaves é uma das formas eficazes de resolver o problema da dificuldade de medir os principais parâmetros bioquímicos em linha no processo de fermentação *da Pichia Pastoris*. Atualmente, a modelação tradicional por sensores suaves do processo de fermentação microbiana apenas considera uma única condição de trabalho do processo de fermentação. Mas o processo de fermentação industrial real é frequentemente efectuado em diferentes condições de trabalho com grandes diferenças na distribuição dos dados. O modelo de deteção suave estabelecido sob condições de trabalho históricas falhará e deteriorar-se-á se for aplicado a novas condições de trabalho. Neste livro, é proposto um método de modelação de sensores suaves multi-condições baseado em ITL-GGO-MALSTM e aplicado ao sistema de monitorização remota do processo de fermentação *de Pichia Pastoris*. A investigação principal deste livro é a seguinte:

Em primeiro lugar, *a Pichia Pastoris* GS115 foi selecionada como a estirpe de fermentação e o processo de fermentação da *Pichia Pastoris* foi elaborado em pormenor. Foram determinados os principais parâmetros que influenciam o processo de fermentação de *Pichia Pastoris*, bem como a gama óptima de parâmetros de fermentação.

Em segundo lugar, a fim de resolver o problema da difícil medição em linha de parâmetros-chave em múltiplas condições de funcionamento no processo de fermentação de *Pichia Pastoris*, e para encurtar o tempo de modelação das condições de funcionamento do domínio-alvo, foi introduzida uma estratégia de aprendizagem por transferência e um modelo de rede neural de memória de curto prazo longo. Entretanto, foi introduzido um mecanismo de atenção multi-cabeças (MA) para resolver o problema do mesmo impacto das caraterísticas de entrada nas variáveis de saída na memória tradicional de curto prazo (LSTM). O algoritmo de otimização do lobo cinzento (GWO) foi utilizado para resolver os problemas do ajuste manual dos parâmetros, que consome muito tempo, e da convergência local fácil no modelo LSTM. Os resultados da simulação demonstram a eficácia do método de modelação de sensores suaves ITL-GWO-MALSTM.

Finalmente, foi concebido um sistema de monitorização remota em tempo real baseado no algoritmo ITL-GWO-MALSTM para monitorizar o processo de fermentação de *Pichia Pastoris*. O controlador de nível inferior recolheu e converteu vários parâmetros ambientais mensuráveis do processo de fermentação. Em seguida, os dados dos parâmetros ambientais recolhidos foram transferidos para o sistema informático de nível superior. Por sua vez, o módulo de previsão de deteção suave ITL-GWO-MALSTM foi utilizado para prever remotamente os principais parâmetros bioquímicos, como a concentração bacteriana, em tempo real. Através deste sistema, os parâmetros-chave do processo de fermentação *da Pichia Pastoris* puderam ser observados em tempo real, melhorando assim a eficiência e a estabilidade da produção.

＜ A investigação sobre a modelação de sensores suaves baseada em condições de multi-operação para o processo de fermentação da *picha pastroris"* não é apenas uma monografia de realizações de investigação científica, mas também um novo método de deteção eficaz para o processo de fermentação biológica. Além disso, seria útil para os leitores tanto na investigação teórica como nas aplicações de engenharia. Melhoraria também o nível de deteção e a precisão da medição de vários sistemas não lineares, como os processos de fermentação biológica.

Este livro destina-se a leitores com alguns conhecimentos de identificação de sistemas, aprendizagem automática e bio-engenharia, bem como de teoria de sensores suaves, aprendizagem por transferência e modelação multi-modelo. Apresenta uma discussão sistemática e rigorosa das teorias da aprendizagem por transferência e da modelação multi-modelo. É adequado para leitores de diferentes níveis.

Devido às capacidades limitadas do autor, alguns dos conteúdos e resultados da investigação são ainda superficiais, sendo inevitável a existência de erros e omissões. Convidamos sinceramente os especialistas a criticar e corrigir quaisquer partes inadequadas.

Capítulo 1

Introdução

1.1 Antecedentes e significado da investigação

O sistema de expressão microbiana é uma tecnologia muito importante no domínio da biotecnologia e da biofarmacêutica. É uma das tecnologias mais utilizadas no domínio da expressão de proteínas, com uma grande variedade de vantagens, como a rápida velocidade de expressão, a elevada quantidade de expressão e a fácil construção. O princípio principal consiste em utilizar células microbianas como instrumento para a expressão de proteínas estranhas, clonar o gene alvo num vetor de expressão[1] e transformar o vetor na célula microbiana hospedeira. As proteínas-alvo são sintetizadas e expressas através da transcrição e tradução celulares[2-3] . Os sistemas de expressão microbiana habitualmente utilizados incluem E. coli, leveduras, células de insectos e sistemas de expressão de células de mamíferos. Atualmente, o sistema de expressão de Escherichia coli é o mais utilizado, seguido do sistema de expressão *de Pichia Pastoris*. Nas décadas de 1960 e 1980, os investigadores descobriram que *a Pichia Pastoris* podia utilizar o metanol como única fonte de carbono e energia. Desde então, cientistas e empresários têm-se interessado pelo potencial comercial deste sistema de *Pichia Pastoris* alimentado com metanol para produzir alimentos proteicos unicelulares para animais. O sistema de expressão de *Pichia Pastoris* é adequado para a expressão de uma variedade de diferentes tipos de proteínas, incluindo proteínas recombinantes, enzimas, anticorpos, etc. O sistema de expressão tem uma elevada estabilidade[4-6] e pode ainda exprimir proteínas estranhas mesmo na forma solúvel, pelo que pode exprimir eficazmente um grande número de proteínas estranhas num curto espaço de tempo.

Atualmente, o sistema de expressão de *Pichia Pastoris* tem sido amplamente utilizado em muitos domínios, como a medicina, a indústria e a agricultura^-10]. No domínio da medicina, é utilizado principalmente para a preparação de vacinas, produção de anticorpos, preparação de enzimas e proteínas, bem como para o estudo das funções das proteínas. As vacinas preparadas incluem a vacina contra a hepatite, a vacina contra a gripe, a vacina contra a gripe B, etc.; a produção de anticorpos é utilizada para o tratamento de tumores, doenças auto-imunes, etc.; a preparação de enzimas e proteínas é utilizada para o tratamento da diabetes, doenças cardíacas, etc.; e o estudo das funções das proteínas abrange os mecanismos de ação dos medicamentos, as vias metabólicas e outros aspectos. As enzimas industriais englobam a celulase e a glucosidase, que podem ser utilizadas em indústrias como a têxtil, a do papel e a alimentar para melhorar a eficiência da produção e a qualidade dos produtos. Quanto à bioenergia, envolve o biodiesel, o bioetanol e outros biocombustíveis que podem servir como alternativas às fontes de energia tradicionais baseadas no petróleo, reduzindo assim o impacto no ambiente. Na agricultura, engloba principalmente a investigação da biotecnologia agrícola e a resistência às pragas. A aplicação da biotecnologia agrícola pode ser utilizada na preparação de plantas geneticamente modificadas e na investigação em matéria de reprodução. Quanto à resistência às pragas, envolve o estudo de toxinas de insectos e outros meios, que são utilizados na investigação e desenvolvimento de pesticidas seguros e eficazes.

Nos últimos anos, *a Pichia Pastoris* tem sido cada vez mais utilizada em muitos domínios. A procura crescente de proteínas exógenas em diferentes sectores e o conhecimento cada vez mais profundo do sistema de expressão *de Pichia Pastoris* por parte dos cientistas aceleraram o processo de investigação e desenvolvimento deste sistema. Com o desenvolvimento da investigação, ficou provado que o sistema de expressão é abrangente, prático e conveniente^1

], o que o torna altamente adequado para uma aplicação alargada na produção industrial em grande escala...

Na epidemia de COVID-19, a deteção de ácidos nucleicos desempenhou um papel crucial na prevenção e no controlo da epidemia, o que ajudou a evitar eficazmente a transmissão do vírus. Nos reagentes de deteção de ácidos nucleicos, a protease K desempenha um papel decisivo[12-14] . quando se trata de extrair ADN (ácido desoxirribonucleico) ou ARN (ácido ribonucleico) das células, a protease K desempenha um papel crucial... Trata-se de uma endonuclease, que pode degradar especificamente as histonas ligadas ao ácido nucleico para promover a separação e extração eficazes do ADN e das proteínas. A protease K, que pode ser expressa de forma eficiente e com elevado rendimento pelo sistema de expressão *Pichia Pastoris*, tem a caraterística de degradar a atividade da hidrolase do ARN, sendo também muito importante para a extração e deteção do ARN. A expressão recombinante da protease K em *Pichia Pastoris* será um passo importante para alcançar a sua expressão de alta eficiência. Por conseguinte, a utilização deste sistema para expressar a protease K é de grande importância no estudo e deteção da COVID-19, ajudando a melhorar a eficiência da deteção e prevenção.

Para aproveitar ao máximo o sistema de expressão *de Pichia Pastoris*, uma excelente plataforma para a produção de proteínas exógenas, e maximizar a eficiência da produção e a qualidade do produto de proteases através da fermentação em *Pichia Pastoris*, bem como aumentar o efeito de secreção de proteínas exógenas e reduzir os custos de produção, é necessário realizar a regulação dinâmica e a otimização em tempo real do processo de fermentação de *Pichia Pastoris*. No entanto, o processo de fermentação *da Pichia Pastoris* é caracterizado por multivariabilidade, forte acoplamento e não linearidade. Os parâmetros como a temperatura de fermentação, o pH, o oxigénio dissolvido, a velocidade de agitação e o teor de CO_2 podem ser medidos em linha e em tempo real por sensores físicos. No entanto, alguns parâmetros bioquímicos essenciais que podem refletir diretamente a qualidade da *Pichia Pastoris*, como a concentração bacteriana e a atividade enzimática relativa, são difíceis de medir diretamente em linha. Embora o novo biossensor tenha uma resposta atempada e uma velocidade de análise rápida, apresenta sérios problemas em termos de estabilidade da medição, condições de funcionamento e manutenção, preço, etc. Atualmente, a maioria destas variáveis críticas da biomassa são medidas através de testes e análises laboratoriais offline, o que torna *a Pichia Pastoris* altamente suscetível à contaminação e pode levar ao fracasso de todo o processo de fermentação. Além disso, a análise laboratorial offline envolve procedimentos complicados, longos intervalos entre a recolha de dados, atrasos significativos e um fraco desempenho em tempo real. Estes factores impedem os operadores de fazerem juízos e tomarem decisões precisas com base no estado da reação em tempo real e também limitam a implementação de estratégias de controlo optimizadas. Por conseguinte, é urgente encontrar um método para obter uma estimativa e previsão óptimas dos principais parâmetros bioquímicos durante o processo de fermentação de *Pichia Pastoris*.

O sensor suave consiste na seleção de um conjunto de variáveis auxiliares estreitamente relacionadas com as variáveis-chave da biomassa de acordo com alguns critérios, que podem ser medidas por sensores em tempo real, como a temperatura, a velocidade do motor, a pressão do tanque e as variáveis ambientais de pH. Em seguida, o modelo de relação entre as variáveis de entrada e de saída é estabelecido por um algoritmo de aprendizagem automática, que pode prever com exatidão a pré-estimação dos principais parâmetros bioquímicos sem operações complexas de amostragem e análise fora de linha. Atualmente, a investigação sobre métodos de deteção suave tem vindo a aumentar, tanto a nível nacional como internacional, com aplicações específicas que abrangem vários domínios, como a biofermentação, a engenharia química, a produção farmacêutica, a metalurgia, etc. Embora o método de sensores suaves possa efetuar a previsão em linha de parâmetros biológicos fundamentais no processo de fermentação biológica, não tem em conta o problema das condições múltiplas no processo real de produção de fermentação, ou seja, devido aos diferentes parâmetros ambientais iniciais no processo de produção de fermentação e ao ajuste frequente dos parâmetros no processo de produção, existem grandes diferenças entre os dados de fermentação de diferentes lotes. Como resultado, o modelo treinado com o mesmo lote de dados de fermentação causará a degradação do desempenho do modelo ou mesmo a falha do modelo ao prever novas condições de trabalho[16] . Para resolver o problema da falha do modelo causada por múltiplas condições de funcionamento, é proposta neste livro a estratégia de aprendizagem por transferência[17-18] , sendo adotado o algoritmo BDA (Balanced Distribution Adaptation) para reduzir as diferenças na distribuição dos dados e conseguir a aprendizagem por transferência[19] e melhorar a capacidade de generalização do modelo de sensor suave. Ao mesmo tempo, dada a semelhança dos parâmetros de baixo nível nas redes neuronais, propõe-se que o treino de dados possa ser efectuado apenas em parâmetros de alto nível, poupando significativamente o tempo de modelação. Através destas operações, os parâmetros-chave em diferentes condições de fermentação podem ser rapidamente previstos online.

Para realizar a aplicação de engenharia do algoritmo de deteção suave, depois de construir o modelo de deteção suave, este livro programa ainda mais o algoritmo de modelação de deteção suave e incorpora-o no computador anfitrião.[20] Especificamente, o processo começa por escrever um programa para ler ficheiros que armazenam dados do processo de fermentação, dos quais são extraídos parâmetros bioquímicos chave e variáveis auxiliares para o processo de fermentação *da Pichia Pastoris*. Os algoritmos de aprendizagem automática são então utilizados para treinar e modelar estes dados de fermentação. Em seguida, o algoritmo de deteção suave é incorporado no computador anfitrião, onde interage com sensores ligados ao controlador para ler parâmetros ambientais em tempo real durante o processo de fermentação *da Pichia Pastoris*, tais como temperatura, velocidade do motor, pressão do tanque e pH. Com base nesta informação sobre os parâmetros ambientais, o algoritmo de deteção suave constrói variáveis de entrada e utiliza o modelo treinado para fazer previsões em linha em tempo real dos principais parâmetros bioquímicos. Finalmente, os resultados da previsão são apresentados em tempo real através do ecrã ou de outras interfaces do computador anfitrião[21-23] , fornecendo informações de referência aos utilizadores. Desta forma, é possível monitorizar e prever em tempo real os principais parâmetros bioquímicos durante o processo de fermentação, permitindo um melhor controlo e otimização do processo de fermentação.

Este livro centra-se nos problemas existentes no processo de fermentação *de Pichia Pastoris*, realiza investigação sobre métodos de sensor suave para parâmetros-chave no processo de fermentação de *Pichia Pastoris*. O objetivo é resolver o problema técnico de engenharia chave do sensor suave de parâmetros chave no processo de fermentação, permitindo a monitorização online em tempo real destes parâmetros. Além disso, foi concebida uma plataforma experimental de sistema de controlo digital modular e de alto desempenho para a verificação experimental... O conteúdo da investigação deste livro tem um efeito positivo na melhoria da eficiência da produção do processo de fermentação *de Pichia Pastoris*, com amplas perspectivas de aplicação e um valor socioeconómico significativo. Ao mesmo tempo, o conteúdo da investigação deste artigo também fornece um forte apoio teórico para a modelação de outros sensores suaves de fermentação microbiana.

1.2 Situação da investigação no país e no estrangeiro

1.2.1 Situação da investigação do sistema de expressão *de Pichia Pastoris*

A Pichia Pastoris é um organismo eucariótico unicelular que é único na sua capacidade de crescer utilizando o metanol como única fonte de carbono. A *Pichia Pastoris* modificada é originária da estirpe selvagem Y11430; e com a melhoria contínua das estirpes e dos vectores, o sistema de expressão de *Pichia Pastoris* tornou-se a ferramenta de produção de proteínas recombinantes mais popular e padrão em bioengenharia, a seguir à Escherichia Coli.[24] As vantagens únicas do sistema de expressão residem na sua expressão proteica, incluindo níveis de expressão genética altamente ajustáveis, permitindo a produção de grandes quantidades de proteínas recombinantes, podendo mesmo atingir 1g/L, o que sublinha a sua excecional capacidade de produção de proteínas de elevado rendimento. Além disso, pode produzir proteínas recombinantes altamente solúveis, o que pode ajudar a evitar os problemas de agregação de proteínas e formação de corpos de inclusão comuns noutros sistemas de expressão. Além disso, tem uma excelente capacidade de modificação pós-traducional, ou seja, glicosilação, fosforilação, cisalhamento, etc. Por conseguinte, é capaz de produzir proteínas recombinantes que estão mais estreitamente relacionadas com as proteínas naturais. Além disso, a sua utilização é simples, uma vez que não requer condições de cultura complexas nem equipamento especial, pelo que é adequada para a produção de proteínas de pequena e média dimensão. Por fim, devido ao seu alto nível de expressão e caraterísticas altamente solúveis, a produção de proteínas é muito melhorada e o custo de produção pode ser reduzido. Devido às suas vantagens únicas de elevado nível de expressão e proteínas endógenas substituíveis, o sistema de expressão *Pichia Pastoris* tornou-se um dos sistemas de expressão eucariótica mais estudados e amplamente utilizados. Atualmente, o sistema de expressão *de Pichia Pastoris* surgiu como uma plataforma fundamental para a produção de diversas proteínas heterólogas e constitui um dos instrumentos cruciais nos domínios da engenharia genética e da medicina, com um imenso valor económico e social. Numerosos peritos, tanto nacionais como internacionais, empreenderam extensos esforços de investigação no domínio dos campos relacionados com a fermentação de Pichia, concentrando-se particularmente na otimização dos processos de expressão e no rendimento dos produtos. Consequentemente, uma miríade de proteínas foi expressa com sucesso e de forma eficiente utilizando o sistema de expressão de Pichia Pastorata. Dada a questão premente das perdas agrícolas causadas por agentes microbianos que infligem doenças às plantas, Alireza et al. demonstraram a capacidade de Pichia para expressar péptidos antimicrobianos que exercem efeitos letais contra agentes patogénicos das plantas, oferecendo assim uma abordagem promissora para mitigar estas perdas devastadoras. Este estudo mostra que o sistema de expressão de *Pichia Pastoris* tem as caraterísticas de alta estabilidade, alta expressão, alta secreção e alta densidade de propagação, razão pela qual tem sido aplicado na produção agrícola em grande escala.[25] Entretanto, no domínio dos cuidados médicos, Kranti et al. estabeleceram que o sistema de expressão *de Pichia Pastoris* constitui uma plataforma madura e robusta para a expressão de proteínas heterólogas. Este sistema, caracterizado pelas suas capacidades únicas, incluindo o crescimento de alta densidade, o processamento simplificado a jusante e a cinética de expressão rápida, torna-o uma opção viável e atractiva para a produção industrial em grande escala de proteínas recombinantes. O sistema de expressão *Pichia Pastoris* destaca-se pelo seu desempenho excecional na expressão de proteínas heterólogas, alcançando rendimentos que são 10-100 vezes superiores em comparação com outros sistemas. Como resultado, foi amplamente adotado na produção de várias proteínas que estão intimamente ligadas a doenças como o cancro, a hepatite B, a diabetes e outras. Isto sublinha o papel fundamental que o sistema *Pichia Pastoris* desempenha no domínio da produção de proteínas biológicas, oferecendo uma solução eficaz e económica.[26] Zan Jiqing et al. efectuaram uma otimização exaustiva das condições de indução para a expressão de lisozima humana recombinante em *Pichia Pastoris*. Os seus resultados revelaram que o valor de pH e a temperatura ideais durante a fase de indução com metanol eram 5,0 ± 0,5 e 25°C, respetivamente. Quando a OD600 do caldo de fermentação atinge 400, a indução é efectuada durante 60 horas, altura em que a atividade enzimática no caldo de fermentação pode atingir 14013 U/ml. Isto promove ainda mais a industrialização da Pichia pastoris[27] Estes resultados inovadores fizeram avançar significativamente as perspectivas de industrialização do sistema de expressão *da Pichia Pastoris*.[27] Além disso, Weiyao Sun et al. também descobriram que, embora o sistema de expressão de *Pichia Pastoris* tenha expressado com sucesso centenas de proteínas estranhas, apenas algumas delas foram utilizadas na produção industrial.[28] Atualmente, foi alcançado um certo nível de compreensão no estudo do mecanismo interno da Pichia Pastoris. O estabelecimento de um sistema de processo de fermentação que seja compatível com as propriedades da própria proteína expressa é crucial para explorar melhor a relação entre as propriedades das proteínas exógenas e os seus mecanismos de expressão. Tem também um elevado valor orientador para o estudo da expressão de novas proteínas exógenas.

1.2.2 Estado da investigação sobre a modelação de sensores suaves

No processo de fermentação industrial, as variáveis do processo podem ser divididas em dois tipos. Uma é a variável de entrada, como a temperatura, o pH, a pressão do tanque, etc. Os valores dos parâmetros podem ser obtidos através da monitorização por sensores. Outro são os parâmetros bioquímicos, como a concentração bacteriana, a concentração de substrato, a concentração de produto, etc. Devido aos graves problemas existentes em termos de estabilidade da medição, condições de funcionamento e manutenção, preço, etc., os principais parâmetros bioquímicos não são atualmente medidos diretamente por métodos económicos e fiáveis. No processo de fermentação biológica real, esses parâmetros bioquímicos fundamentais são frequentemente obtidos por ensaio e análise fora de linha. No entanto, os valores dos parâmetros obtidos por este método são propensos a erros e histerese, e a contaminação bacteriana seria facilmente causada pela medição fora de linha, fazendo com que todo o processo de fermentação falhe. A fim de monitorizar o estado de funcionamento do sistema e controlar com precisão e eficácia o processo para melhorar a qualidade do produto e os benefícios económicos, é necessário obter rapidamente e em tempo real várias variáveis ambientais e parâmetros-chave. Por conseguinte, surgiu a tecnologia de sensores suaves[29] . O princípio fundamental da tecnologia de sensores suaves consiste em estabelecer um modelo entre as variáveis de entrada que são fáceis de obter e as variáveis de saída que são difíceis de monitorizar em linha. Através deste modelo, os valores dos parâmetros das variáveis de entrada podem ser diretamente enviados para os valores das variáveis-chave. Atualmente, esta tecnologia tem sido amplamente utilizada em processos de fermentação químicos, ambientais, biológicos e industriais, e a tecnologia tornou-se madura. Três tecnologias de modelação de sensores suaves são principalmente utilizadas no processo de fermentação industrial: modelação de caixa branca baseada no mecanismo interno do processo de fermentação[30] , modelação de caixa preta baseada no processo de fermentação orientado por dados[31] , e modelação de caixa cinzenta combinando os dois processos .[32]

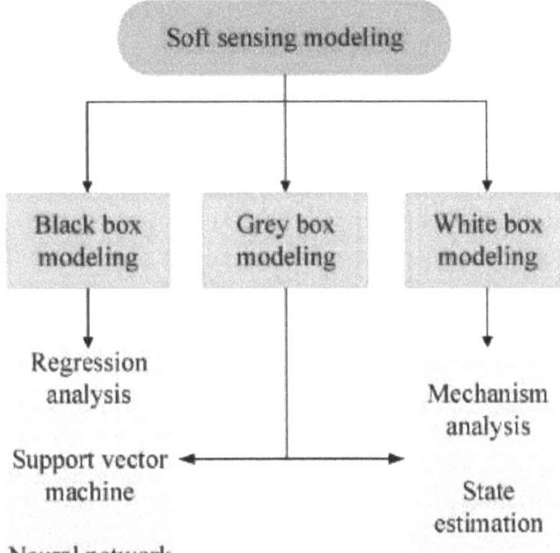

Fig.1.1 Métodos de modelação de sensores suaves

1. Modelação de caixa branca

A modelação de caixa branca refere-se à modelação de análise de mecanismos, que estabelece modelos de análise de mecanismos a partir dos aspectos da ciência dos materiais, engenharia e fabrico, etc. Este método exige que os modeladores estudem e dominem as teorias básicas e o conhecimento especializado do processo de fabrico, e que acumulem e dominem em profundidade o mecanismo físico básico e as capacidades de análise de dados do processo de modelação. O método de modelação de mecanismos tem as vantagens de uma boa base teórica, uma forte capacidade de explicação e uma boa extrapolação, pelo que tem sido amplamente utilizado. No entanto, o processo de modelação de mecanismos é complicado, e o modelo tem frequentemente uma ordem não linear ou elevada, para além da grande quantidade de cálculos, e o modelo não só tem equações algébricas, mas também inclui equações diferenciais e equações diferenciais parciais. Portanto, quando a escala ou escala do modelo é grande, a solução é grande e a velocidade de convergência é lenta.

O processo de fermentação microbiana envolve reacções químicas complexas, crescimento microbiano e dinâmica metabólica. O estabelecimento do modelo de análise do mecanismo do processo de fermentação pode ajudar a compreender o princípio básico e a lei da fermentação, e fornecer orientação para a otimização e controlo do processo de fermentação. O princípio básico da modelação da análise de mecanismos consiste em tratar o processo de fermentação como um sistema complexo e estabelecer um modelo matemático para descrever a transformação de substâncias e o crescimento de microrganismos no processo de fermentação através da recolha, integração e interpretação de dados experimentais. Estes modelos baseiam-se geralmente nos princípios básicos da conservação da massa, da conservação da energia e da conservação do momento, combinados com as teorias da dinâmica do crescimento microbiano e da dinâmica das reacções, e são resolvidos através de métodos de simulação por computador. O processo de criação de um modelo de análise de mecanismos inclui normalmente as seguintes etapas: identificação de objectos de investigação, recolha de dados experimentais, criação de modelos matemáticos, estimativa e verificação de parâmetros, aplicação e otimização de modelos. Neste processo, é necessário ter em conta a influência das condições experimentais, selecionar a estrutura do modelo matemático e o método de solução adequados e efetuar o ajuste fino e a verificação do modelo para garantir a fiabilidade e a aplicabilidade do modelo. Este método exige que os investigadores compreendam antecipadamente todo o processo de reação físico-química interna. Utilizando a equação logística, a equação de Luedeking-Piret e a equação do balanço material do consumo da matriz, Wang estabeleceu os modelos cinéticos da biomassa microbiana e do rendimento da avilamicina durante a fermentação da avilamicina e analisou a relação entre o consumo total de açúcar do substrato e o tempo de fermentação. Comparando os dados experimentais com os resultados calculados, provou-se que o modelo dinâmico tem elevada precisão e fiabilidade. Este método de investigação constitui uma referência para o estabelecimento do modelo dinâmico do processo de fermentação e fornece um importante apoio teórico e prático para uma exploração aprofundada do mecanismo do processo de fermentação e para a otimização do processo de produção[33] . A fim de explorar as alterações das substâncias activas e da capacidade antioxidante no processo de fermentação do vinho de amoreira, Sun Shiori et al. estabeleceram um modelo dinâmico de fermentação e obtiveram as caraterísticas antioxidantes e o tempo de fermentação ideal do vinho de amoreira através dos resultados da previsão do modelo dinâmico[34] . Germec et al. estabeleceram um modelo cinético da fermentação de etanol por Saccharomyces cerevisiae num reator de biofilme, e o modelo construído previu com sucesso os dados experimentais gerados no reator de biofilme, o que provou que o modelo tinha um bom efeito preditivo e podia ser utilizado para descrever a fermentação de etanol em condições não estéreis .[35]

Do ponto de vista das experiências de investigação nacionais e estrangeiras, a aplicação do método de análise de mecanismos requer uma compreensão clara do mecanismo interno da fermentação. No entanto, o processo de fermentação microbiana tem caraterísticas complexas, como o forte acoplamento e a não linearidade, pelo que o mecanismo de fermentação microbiana não pode ser totalmente compreendido atualmente. Para além disso, no processo de fermentação industrial real, o processo de fermentação microbiana não é linear e as condições de trabalho são diferentes, pelo que o processo de fermentação interna também se altera. Por conseguinte, é muito complicado e difícil utilizar a análise do mecanismo para modelar o processo de fermentação microbiana.

2. modelação da caixa negra

A modelação de caixa negra é também conhecida como modelação baseada em dados. A modelação baseada em dados é proposta para situações em que a estrutura interna e o mecanismo do objeto de investigação não são claros (ou não são compreendidos). Analisa e explora a relação entre as variáveis de entrada e os objectivos de otimização através da obtenção de dados parciais ou completos do ciclo de vida dos processos e materiais, de modo a obter uma descrição precisa da relação entre outras variáveis de entrada, como a estrutura do processo e do equipamento. Ao contrário da modelação de mecanismos, a modelação baseada em dados não necessita de conhecer o mecanismo interno do processo de fermentação microbiana, mas apenas de recolher os dados do processo de fermentação para modelar. A tecnologia de deteção de sensores no processo de fermentação microbiana está a tornar-se cada vez mais madura. Ao mesmo tempo, a chegada da era do big data é acompanhada pelo rápido desenvolvimento da tecnologia de inteligência artificial, e a recolha de dados de amostra está a tornar-se cada vez mais perfeita. A modelação baseada em dados está a beneficiar do rápido desenvolvimento destas tecnologias e da melhoria do equipamento. Atualmente, os algoritmos de modelação baseados em dados mais comuns incluem a análise de regressão, a RNA (Rede Neural Artificial) e a SVM (Máquina de Vectores de Suporte). Vivian et al. combinaram o método de análise de regressão com a rede neural para construir um modelo de previsão da deteção de compressão do betão e verificaram finalmente que o erro de previsão de 77% das amostras de betão podia ser controlado dentro de 5%[36] . Com base em métodos de simulação numérica e análise de regressão, Li Zongyang et al. estabeleceram um modelo de previsão para o coeficiente de dissolução e armazenamento, e os resultados da previsão do modelo estavam em boa concordância com o cálculo da simulação numérica, o que verificou a eficácia do modelo[37] . Ghaffari-Razin et al. propuseram um método de modelação espácio-temporal para o conteúdo total de electrões da ionosfera utilizando o Least Square Support Machine (LSSVM). Em comparação com o modelo SVM, o modelo GIM (GRAI Integrated Mehodology, GIM) e o modelo NeQuick, tem maior precisão e velocidade[38] . Sun Yu et al. utilizaram a máquina de vectores de apoio após a otimização por enxame de partículas para modelar a previsão da vida útil do pavimento de asfalto. Em comparação com a rede neural artificial e a máquina de vectores de apoio não optimizada, a máquina de vectores de apoio após a otimização por enxame de partículas melhorou a velocidade de convergência e a precisão[39] . Mehdi Nikoo et al. construíram uma rede neural artificial com base no algoritmo de otimização de Wolf cinzento para prever as propriedades mecânicas da madeira tratada termicamente e, finalmente, detectaram que o erro médio absoluto do módulo de fratura MOR e do módulo de elasticidade MOE da madeira era de 0,01[40] . Para o sistema de previsão da cremosidade da fermentação do vinho de arroz, Lu Mei estabeleceu um modelo de sistema de previsão difuso adaptativo baseado numa rede neural combinada com agrupamento por subtração, e os resultados da simulação mostram que o modelo construído tem um bom efeito de previsão .[41]

Embora este método preveja bem a concentração de proteases alcalinas marinhas, não tem em conta a correlação temporal da sequência de dados. Estabelece apenas um mapeamento direto entre os dados históricos de entrada e os dados de previsão de saída. E nas redes neuronais estáticas feed-forward, como a propagação de retorno (BP) com função de base radial (RBF), se uma rede neuronal estática feed-forward for utilizada para identificar um processo de fermentação dinâmico, o problema de modelação dinâmica será convertido em modelação estática, o que torna a precisão da previsão fraca. Nos últimos anos, com o rápido desenvolvimento da tecnologia de aprendizagem automática, as redes neurais profundas demonstraram uma grande capacidade de aprendizagem de dados de séries cronológicas.

Por conseguinte, a utilização de redes neuronais profundas para criar modelos de fermentação biológica tornou-se um tema de investigação muito importante e uma direção importante para o desenvolvimento futuro. Na aprendizagem de dados de séries temporais, a tradicional RNN (Rede Neuronal Recorrente) tem mais estrangulamentos de aprendizagem e defeitos técnicos, enquanto a LSTM (Rede de Memória de Curto Prazo Longa) supera os defeitos da rede neuronal recorrente, de modo a poder ultrapassar o estrangulamento da explosão e do desaparecimento do gradiente no treino da aprendizagem de dados de sequências de longo prazo, mostrando uma forte capacidade de aprendizagem de séries longas de dados. Abdel-Nasser M et al. aplicaram o modelo LSTM à previsão da potência fotovoltaica, combinada com a RNN para prever com exatidão a produção de energia fotovoltaica. Fang et al. aplicaram o modelo LSTM à previsão do consumo de energia de edifícios, utilizando dados de edifícios com várias fontes para melhorar o desempenho da previsão do consumo de energia de edifícios-alvo. Está provado que o LSTM tem muitas vantagens e é ideal para resolver problemas complexos de controlo de processos industriais. Os dados de fermentação da *Pichia Pastoris* têm caraterísticas não lineares e de séries temporais altamente complexas, que se enquadram perfeitamente no mecanismo de aprendizagem da rede de memória de longo prazo e de curto prazo, e o atual modelo de rede de memória de longo prazo e de curto prazo está a emergir gradualmente na direção da previsão dos parâmetros biológicos fundamentais da fermentação biológica.

Existem diferenças significativas entre os métodos de modelação baseados em dados e os baseados em mecanismos, que não necessitam de considerar o mecanismo interno do processo de fermentação. Desde que os dados do processo de fermentação sejam totalmente utilizados e se utilize o algoritmo de inteligência artificial ideal, é possível estabelecer um modelo de previsão preciso. No entanto, no processo de fermentação industrial real de *Pichia Pastoris*, devido às diferentes condições de trabalho entre os diferentes lotes de fermentação, a distribuição de dados em tempo real e de dados de modelação entre os lotes é desfasada, o que leva à deterioração do desempenho e ao desalinhamento do modelo dos modos tradicionais de sensores suaves orientados para os dados.

3. Modelação de caixas cinzentas

O modelo de caixa cinzenta é um modelo de modelação híbrido. Devido às limitações da modelação de mecanismos puros e da modelação baseada em dados puros, os investigadores propuseram um método de modelação híbrido que combina o modelo de mecanismo e o modelo baseado em dados. Para a parte do mecanismo no processo de modelação do mecanismo, o método de modelação baseado em dados é utilizado para compensar as caraterísticas não modeladas da parte. Ao mesmo tempo, o método de modelação do mecanismo pode fornecer o conhecimento prévio da modelação, poupar amostras de formação para o método de modelação baseado em dados e melhorar a eficiência e a precisão da modelação.

A modelação híbrida utiliza geralmente alguns métodos de modelação orientados para os dados para estimar os parâmetros internos determinados por métodos de mecanismo com base no conhecimento conhecido do mecanismo, ou uma parte do modelo adopta o modelo de mecanismo e a outra parte adopta o modelo orientado para os dados. O modelo híbrido pode utilizar plenamente o conhecimento prévio, extrair a informação efectiva dos dados e melhorar a eficiência e a precisão da modelação. O método de modelação híbrido é obtido através da combinação do modelo de mecanismo existente e do modelo sem mecanismo através de diferentes métodos.

Chen Jindong propôs a combinação do algoritmo de regressão da máquina de vectores de suporte em linha difusa com o modelo de mecanismo para realizar a modelação híbrida do processo de fermentação do ácido glutâmico. Durante o período de treino do modelo híbrido, o conhecimento prévio foi constantemente incluído para que o modelo convergisse mais rapidamente[42] . Yao Yuanchao et al. propuseram um método de modelação baseado na combinação da Rede Neuronal de Regressão Geral (GRNN) e do modelo de mecanismo para prever os resultados de saída de um gaseificador de leito de fluxo de gás. Os resultados da simulação mostram que, independentemente de certas condições fixas ou alteradas, em comparação com o modelo de mecanismo único e o modelo GRNN, os seus resultados de exportação de gás estão mais próximos dos dados de produção reais[43] . Mohammed et al. combinaram EDOs, o modelo cinético da produção de в-caroteno por Saccharomyces cerevisiae, com UDEs, uma rede neural, para obter um modelo misto exato que pode mostrar com precisão o processo de fermentação de Saccharomyces cerevisiae .[44]

Embora o método de modelação híbrido sintetize as vantagens de vários métodos de modelação, é propício à redução da complexidade do modelo e à melhoria do desempenho do modelo, em comparação com o método de modelação tradicional de modelo único, tem maior precisão de previsão e melhores perspectivas de desenvolvimento. No entanto, o método de modelação híbrido ainda tem problemas como vários tipos, vários métodos, precisão de modelação insuficiente e robustez, que precisam de ser mais estudados. Em particular, o pré-requisito para o método de modelação híbrida é a existência de um modelo de mecanismo simplificado. Atualmente, os investigadores não estão totalmente familiarizados com o mecanismo do processo interno de fermentação de Pichia e é difícil estabelecer um modelo de mecanismo simplificado. Por conseguinte, é muito difícil aplicar a modelação híbrida no processo de fermentação *de Pichia Pastoris*. Por conseguinte, do ponto de vista da combinação de todos os aspectos, a caixa negra é escolhida neste livro para a modelação do processo de fermentação *de Pichia Pastoris*, ou seja, a modelação de deteção suave orientada para os dados.

Os académicos nacionais e estrangeiros constroem normalmente modelos de sensores suaves de fermentação microbiana com base na premissa de condições de trabalho inalteradas. No entanto, as condições reais de trabalho dos processos de fermentação microbiana não são as mesmas, ou seja, as alterações da temperatura ambiente e outros factores podem provocar alterações nas condições de trabalho. Especialmente quando se exploram as condições óptimas do processo para um novo tipo de fermentação microbiana, as condições de trabalho são completamente diferentes e as diferentes condições de trabalho podem causar diferenças na distribuição dos dados. Por conseguinte, os modelos de sensores suaves estabelecidos não podem ser aplicados a outras condições de trabalho e só podem ser aplicados às condições de trabalho originais. Para monitorizar online as variáveis de saída do processo de fermentação sob novas condições de funcionamento, é necessário reconstruir o modelo, o que consome muito tempo e é propenso a falhas de modelação devido à excessiva complexidade dos dados. A aplicação da aprendizagem por transferência pode resolver eficazmente o dilema da falha do modelo em diferentes condições de funcionamento. A aprendizagem por transferência quebra o pressuposto básico dos métodos tradicionais de aprendizagem automática, ou seja, os dados de treino e de teste devem ser extraídos do mesmo espaço de caraterísticas e satisfazer distribuições de dados semelhantes. Quando os dados do domínio de destino são limitados, a transferência de dados do domínio de origem para ajudar os dados do domínio de destino através da aprendizagem por transferência pode melhorar o desempenho do modelo e poupar tempo de formação do modelo. Atualmente, a aprendizagem por transferência tem sido amplamente aplicada em modelos preditivos para processos industriais, como as indústrias química e alimentar. Para abordar a questão da modelação de sensores suaves em diferentes condições de fermentação *de Pichia Pastoris*, são introduzidas estratégias de aprendizagem por transferência para construir o modelo de sensor suave.

1.2.3 Situação atual da investigação sobre a aprendizagem por transferência

Nos últimos anos, o desenvolvimento da tecnologia de grandes volumes de dados e de inteligência artificial acelerou o rápido desenvolvimento da aprendizagem automática. O cenário ideal para a aprendizagem automática é ter uma grande quantidade de dados de treino rotulados com a mesma distribuição de dados que os dados de teste. No entanto, nos processos de fermentação industrial actuais, existe uma grande quantidade de dados não rotulados e os dados de teste e os dados de treino têm frequentemente distribuições de dados diferentes. A aprendizagem por migração é um método que melhora o desempenho de um modelo no domínio de destino, utilizando conhecimentos de domínios de origem relevantes. Pode reduzir a dependência dos dados do domínio de destino e tornou-se gradualmente uma direção de investigação popular no domínio da aprendizagem automática[45-46] . A aplicação da aprendizagem por transferência pode resolver eficazmente o problema da falha do modelo em diferentes condições de trabalho. A aprendizagem por transferência tem uma vasta gama de aplicações em vários domínios, como o processamento de linguagem natural[47] , a visão por computador[48] , o reconhecimento de imagens[49] , a classificação de emoções[50] , os cuidados de saúde[51] , a previsão de parâmetros e o diagnóstico de falhas em processos industriais, etc. Com o desenvolvimento e a melhoria contínuos da tecnologia de aprendizagem automática, a aprendizagem por transferência será também continuamente optimizada e melhorada para se adaptar a problemas práticos mais complexos e diversificados. De acordo com diferentes critérios de classificação, a aprendizagem por transferência pode ser classificada, grosso modo, em classificação por espaço de caraterísticas, classificação baseada na existência ou não de etiquetas no domínio-alvo, classificação baseada em métodos de aprendizagem e classificação baseada em formas offline e online.

De acordo com os métodos de aprendizagem, a aprendizagem por transferência pode ser dividida em aprendizagem por transferência baseada em instâncias, baseada em caraterísticas, baseada em relações e baseada em amostras. A aprendizagem por transferência baseada em instâncias atribui pesos diferentes a amostras diferentes para completar a aprendizagem por transferência. A transferência baseada em caraterísticas utiliza a transformação de caraterísticas para tornar os dados do domínio de origem e os dados do domínio de destino semelhantes no mesmo espaço. A aprendizagem por transferência baseada em relações extrai e utiliza relações para a transferência analógica. A aprendizagem por transferência baseada em modelos constrói modelos partilhados de parâmetros. A investigação atual centra-se principalmente na aprendizagem por transferência baseada em caraterísticas e em modelos. Este livro adopta a aprendizagem por transferência baseada em caraterísticas para melhorar a precisão da previsão dos modelos, permitindo previsões precisas e em tempo real do processo de fermentação da *Pichia Pastoris*. Yan Gaowei et al. propuseram um algoritmo de adaptação da distribuição conjunta baseado na aprendizagem por transferência combinada com um método de modelação de máquina de vectores de apoio de mínimos quadrados para prever os parâmetros de carga de moinhos de bolas húmidos. Após múltiplas condições de funcionamento, o erro de previsão da aprendizagem por transferência foi pequeno, comprovando a excelência do desempenho da modelação[52] . Zhang Yong et al. propuseram um método de modelação por aprendizagem por transferência para a previsão de cargas em edifícios. Este método tem em conta a adição de dados durante o processo de previsão, ajusta dinamicamente o edifício do domínio de origem e os dados de perdas conexos com base na última janela de correlação entre a carga do edifício do domínio de origem e a carga do edifício do domínio de destino, assegurando que o domínio de origem e o domínio de destino em tempo real estão sempre estreitamente ligados, alterando o método tradicional de aprendizagem por transferência do domínio de origem fixo e proporcionando um método de aprendizagem por transferência mais flexível para outras instâncias[53] . Jonathan et al.

propuseram um método de modelação que combina a aprendizagem por transferência e as redes neuronais para prever o tempo de vida útil restante das baterias de automóveis. Em comparação com os métodos de previsão tradicionais, a exatidão da previsão aumentou 6,72%. Este método também pode ser aplicado noutros domínios diferentes, como a previsão do estado de saúde, o diagnóstico de falhas e modelos de previsão não lineares no domínio das baterias[54] . Gao Nan et al. propuseram um método de modelação que combina a aprendizagem por transferência com um modelo perceptron de várias camadas, que pode ser utilizado para prever o desempenho do conforto térmico. As experiências de simulação demonstram que este modelo de previsão é exato e apresenta uma elevada precisão[55] . Em resumo, a aprendizagem por transferência

Os métodos de análise de risco tornaram-se maduros em vários domínios.

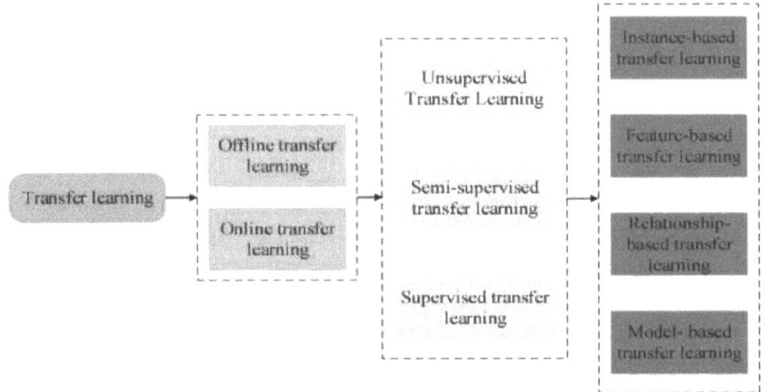

Fig. 1.2 Classificação da aprendizagem por transferência

1.2.4 Estado da investigação do sistema de monitorização do processo de fermentação

A engenharia de fermentação microbiana tem sido amplamente aplicada em muitos domínios, como a indústria farmacêutica, a indústria alimentar e a proteção ambiental, pelo que a investigação sobre os correspondentes sistemas de monitorização do processo de fermentação microbiana também tem recebido atenção. A renovação dos sistemas de hardware, a atualização contínua dos sensores e os avanços contínuos nas tecnologias de comunicação contribuíram para um progresso significativo nos sistemas de monitorização dos processos de fermentação microbiana. Yu Meifang concebeu um sistema de monitorização em linha para a protease alcalina marinha MP, no qual o chip S3C44B0X foi selecionado como processador central. Depois de estabelecer o modelo ABC-MLSSVM, este foi programado e incorporado no processador central. Através da aplicação prática, verificou-se que o sistema de monitorização pode apresentar os dados do local de fermentação em tempo real[56] . Para conseguir a monitorização remota da N-acetilglucosamina, Yang Wenfeng desenvolveu uma arquitetura B/S e concebeu um software dedicado de transmissão e análise de dados. Atualmente, foi possível efetuar a monitorização em tempo real dos dados no local, a previsão em linha do teor de N-acetilglucosamina, a consulta de curvas históricas e o aviso dos limites dos parâmetros[57] . Zhang Baohua et al. efectuaram uma análise lógica das deficiências da monitorização manual tradicional da temperatura de fermentação em estado sólido em poços de fermentação, tais como a grande carga de trabalho e a necessidade de pós-processamento dos dados registados. Propuseram um sistema de deteção de temperatura em tempo real baseado em ZigBee, no qual o CC2530F256 serve de chip de controlo principal e o módulo AD no chip de controlo principal lê o valor da tensão. Finalmente, o protocolo de comunicação MODBUS-RTU é utilizado para carregar os dados para o computador de nível superior através do bus RS485. Os resultados finais mostram que o sistema de monitorização tem grande precisão, boa estabilidade e um erro médio de previsão da temperatura de 0,5 C[58] . Nicolas Madrid propôs a utilização de um sistema de sensores sem fios para a monitorização em tempo real do ambiente do processo de fermentação dos alimentos. O microcontrolador lê e transmite dados a cada 15 minutos para obter dados em tempo real sobre o ambiente do processo de fermentação. A conclusão indica que o sistema de monitorização por sensores sem fios é estável e capaz de fornecer apoio à monitorização ambiental de vários processos de fermentação.[59]

1.3 Esboço do livro

Para tirar o máximo partido das caraterísticas de alta expressão, alta secreção e alta estabilidade do sistema de expressão *de Pichia Pastoris*, e para conseguir uma expressão de alto nível de proteínas exógenas em *Pichia Pastoris*, assegurando simultaneamente um rendimento e uma qualidade eficientes e estáveis, este livro conduz investigação sobre métodos de deteção suave para parâmetros-chave no processo de fermentação de *Pichia Pastoris*.Este livro propõe um método de modelação de sensores suaves de Memória de Curto Prazo Longo (LSTM) baseado no algoritmo de otimização do lobo cinzento e no mecanismo de atenção multi-cabeça para resolver o problema da difícil medição em linha de parâmetros bioquímicos chave (como a concentração bacteriana) no processo de fermentação *de Pichia Pastoris* e a falha de modelos de sensores suaves causada por diferentes condições de funcionamento. Ao mesmo tempo, o algoritmo adaptativo de distribuição equilibrada na aprendizagem por transferência é aplicado para reduzir as diferenças de distribuição entre os dados de diferentes condições de funcionamento. Os parâmetros da primeira camada do LSTM são fixos, e os dados do domínio de origem adaptados à aprendizagem por transferência são utilizados para ajudar a treinar os restantes parâmetros da camada de uma pequena quantidade de dados do domínio de destino que é difícil de detetar em linha, acelerando assim o estabelecimento do modelo sob novas condições de funcionamento. Os resultados da simulação mostram que o método de sensor suave proposto tem um efeito preciso na previsão da concentração bacteriana em várias condições de funcionamento. Finalmente, foi concebida e desenvolvida uma plataforma de sistema de monitorização da fermentação microbiana, incluindo um computador de nível superior do sistema de monitorização e um computador de nível inferior, para conseguir uma monitorização em linha e em tempo real dos principais parâmetros bioquímicos (como a concentração bacteriana) durante o processo de fermentação da *Pichia Pastoris*.

Capítulo 1 Introdução. Em primeiro lugar, são apresentados os antecedentes da investigação e o significado deste livro, bem como as principais áreas de aplicação e as vantagens do sistema de expressão *de Pichia Pastoris*. Em seguida, é introduzido o significado da tecnologia de modelação de sensores suaves para a fermentação de *Pichia Pastoris* e é elaborado o estado da investigação da modelação de sensores suaves no país e no estrangeiro, bem como a importância da aprendizagem por transferência em processos de fermentação industrial reais. Por último, é apresentada a situação da investigação de sistemas de monitorização de processos de fermentação microbiana por académicos nacionais e estrangeiros, bem como a organização do presente capítulo.

Capítulo 2 Análise do mecanismo do processo de fermentação de *Pichia Pastoris*. Em primeiro lugar, são introduzidas as caraterísticas do sistema de expressão de Pichia Pastoris e a seleção de estirpes. Subsequentemente, o processo de fermentação de *Pichia Pastoris* e vários factores que influenciam a fermentação são elaborados em pormenor. Por fim, são efectuadas experiências de fermentação com *Pichia Pastoris* em diferentes condições ambientais iniciais e são analisadas as razões para dividir os dados em várias condições de funcionamento, bem como as caraterísticas dos dados do processo de fermentação, lançando as bases para o
modelação subsequente da deteção suave em múltiplas condições de funcionamento no presente documento.

Capítulo 3 Método de modelação de sensores suaves por aprendizagem por transferência com base em condições de funcionamento múltiplas. Em primeiro lugar, selecionar variáveis auxiliares relevantes e utilizá-las como variáveis de entrada para o modelo de sensor suave; em seguida, são introduzidas as teorias básicas da aprendizagem por transferência, as redes neuronais LSTM e o algoritmo adaptativo de distribuição equilibrada da aprendizagem por transferência. A fim de colmatar as deficiências dos métodos tradicionais de aprendizagem por transferência, o LSTM é combinado com o algoritmo adaptativo de distribuição equilibrada melhorado na aprendizagem por transferência para construir um modelo de sensor suave para o processo de fermentação *da Pichia Pastoris* em múltiplas condições de funcionamento. Os resultados da simulação verificaram que o modelo de sensor suave tem uma elevada precisão de previsão e pode ser aplicado à previsão de dados em diferentes condições de funcionamento.

Capítulo 4 Conceção do sistema de monitorização do processo de fermentação. Um sistema de monitorização remota é desenvolvido através da análise da fermentação de *Pichia Pastoris* e das funções a realizar, incluindo o computador de nível inferior e os sistemas informáticos de nível superior. O computador de nível inferior é principalmente responsável pela recolha de dados relacionados com a fermentação *da Pichia Pastoris*, carregando-os para o computador de nível superior após a conversão AD, e obtendo informações de previsão em tempo real dos principais parâmetros bioquímicos (concentração bacteriana) através do algoritmo ITL-GWO-MALSTM incorporado no computador de nível superior. O sistema informático de nível inferior seleciona o STM32F407ZGT6 como microprocessador e concebeu canais de aquisição de dados, canais de interface homem-máquina, circuitos de comunicação em série e sistemas de software. Para que o pessoal possa visualizar convenientemente informações em tempo real relacionadas com o processo de fermentação *da Pichia Pastoris*, foi concebido para o computador de nível superior um conjunto de interfaces de interação homem-computador baseadas em GTK. Ao mesmo tempo, a fim de acelerar a eficiência operacional do sistema, é construído um componente COM para algoritmos de sensores suaves.

Capítulo 5 Resumo e Perspetivas: Este livro foi resumido e as suas deficiências foram apontadas, tendo sido discutida a futura direção de desenvolvimento da tecnologia de sensores suaves.

Capítulo 2

Análise do Processo de Fermentação *de Pichia Pastoris*

As caraterísticas das condições de trabalho múltiplas da *Pichia Pastoris* na produção industrial de fermentação real resultam em diferenças significativas nos dados de fermentação entre lotes diferentes, uma vez que os valores ambientais iniciais e os parâmetros do processo de fermentação de cada lote podem variar. Para estudar o método de modelação de sensores suaves para o processo de fermentação em condições múltiplas, é necessário compreender melhor o mecanismo interno do processo de fermentação *da Pichia Pastoris*. Este capítulo aborda principalmente as caraterísticas das fases e o processo de fermentação *da Pichia Pastoris*, analisa vários factores-chave que afectam o processo de fermentação e o rendimento do produto da *Pichia Pastoris* e fornece apoio teórico para a definição dos parâmetros experimentais. Com base neste fluxo de processo, este livro estabelece artificialmente três condições de funcionamento dentro da gama óptima de parâmetros do ambiente de fermentação e fornece uma introdução pormenorizada ao fluxo do processo de fermentação em condições múltiplas, fornecendo dados experimentais em condições de funcionamento múltiplas.

2.1 Caraterísticas do sistema de expressão e seleção de estirpes

2.1.1 Caraterísticas do sistema de expressão

Com o rápido desenvolvimento da tecnologia de engenharia genética, um grande número de proteínas recombinantes foi efetivamente expresso de forma exógena. Foi criada e desenvolvida uma variedade de sistemas de expressão de leveduras, cada um com as suas próprias caraterísticas. Desde a década de 1980, o sistema de expressão de *Pichia Pastoris* tem atraído gradualmente a atenção dos investigadores, porque o sistema de expressão de *Pichia Pastoris* tem as caraterísticas de elevada estabilidade, elevada expressão e elevada secreção, e a sua levedura hospedeira de metanol, *Pichia Pastoris*, tem também as caraterísticas de crescimento de elevada densidade.

O sistema de expressão *Pichia Pastoris* tem as seguintes vantagens:

(1) Elevada expressão: pode ser produzido um elevado rendimento de proteínas estranhas, atingindo um nível de vários gramas/litro, que é muito superior ao de outros sistemas de expressão.

(2) Alta estabilidade: Pode expressar de forma estável proteínas estranhas, evitar a degradação e agregação de proteínas e garantir a integridade e atividade das proteínas.

(3) Elevada secreção: as proteínas estranhas podem ser eficazmente segregadas no meio, simplificando as etapas subsequentes de purificação e extração de proteínas.

(4) Crescimento rápido do hospedeiro: *Pichia Pastoris*, a levedura metanólica hospedeira de *Pichia Pastoris*, pode crescer em alta densidade em condições de cultura convencionais e pode produzir um grande número de proteínas alvo.

(5) Fácil de operar: a operação é simples, não requer condições de cultura complexas e equipamento técnico, e é adequada para a expressão de proteínas em grande escala.

(6) Baixo custo: Em comparação com os sistemas de expressão de células de mamíferos, os sistemas de expressão *de Pichia Pastoris* são mais baratos e podem reduzir o custo da expressão e purificação de proteínas.

(7) Elevada segurança: *A Pichia Pastoris* é um fungo não patogénico que não causa danos ao corpo humano, pelo que é mais seguro e fiável.

Em comparação com outros sistemas de expressão microbiana, o sistema de expressão *de*

Pichia Pastoris tem várias vantagens insubstituíveis, que o tornam mais valioso para ser estudado.

(1) Em comparação com o sistema de expressão de Escherichia coli: o sistema de expressão de *Pichia Pastoris* pode produzir proteínas estranhas com elevado rendimento e pode segregar proteínas para o meio de forma eficiente, evitando os problemas de agregação e degradação de proteínas na célula, assegurando simultaneamente a integridade e a atividade das proteínas.

(2) Em comparação com os sistemas de expressão de células de mamíferos: Os sistemas de expressão *de Pichia Pastoris* são menos dispendiosos, mais simples de operar e não requerem a utilização de condições de cultura e equipamento técnico complexos. Além disso, o sistema de expressão Pichia não requer a utilização de aditivos, como soro e antibióticos, e é menos poluente para o ambiente, pelo que é mais seguro e fiável.

(3) Comparado com o sistema de expressão de células de insectos: O sistema de expressão *de Pichia Pastoris* pode produzir um elevado rendimento de proteínas estranhas e não requer a utilização de condições de cultura e equipamento técnico complexos. Além disso, o sistema de expressão Pichia é menos dispendioso e não requer a utilização de aditivos derivados de insectos, como o soro de inseto, o que o torna mais seguro e fiável.

(4) Comparado com o sistema de expressão de leveduras eucarióticas: O sistema de expressão *de Pichia Pastoris* pode segregar eficazmente proteínas estranhas no meio, simplificando as etapas de purificação e extração de proteínas. Além disso, o sistema de expressão *Pichia Pastoris* é capaz de produzir elevados rendimentos de proteínas estranhas e não requer a utilização de condições de cultura e equipamento técnico complexos, pelo que o custo é inferior e a operação é mais simples. Os sistemas de expressão de leveduras eucarióticas requerem frequentemente a localização e modificação de proteínas para garantir que estas podem ser localizadas e dobradas corretamente.

2.1.2 Seleção da estirpe

A maioria das estirpes de expressão *de Pichia Pastoris* são obtidas através da modificação do gene AOX1 de *Pichia Pastoris*. A modificação do gene AOX1 pode permitir à *Pichia Pastoris* exprimir uma grande quantidade de proteínas exógenas na presença de metanol. AOX1 é uma oxidase natural produzida por *Pichia Pastoris*, que pode converter metanol em formaldeído [60], produzindo energia e a fonte de carbono necessária para o crescimento celular. A inserção de genes exógenos a jusante do promotor AOX1 permite obter uma expressão eficiente de genes exógenos em *Pichia Pastoris*. Ao otimizar a conceção do promotor AOX1, do péptido sinal e do vetor de expressão em *Pichia Pastoris*, o nível de expressão e a estabilidade das proteínas exógenas podem ser melhorados. Estas modificações fizeram da *Pichia Pastoris* uma ferramenta importante, amplamente utilizada na expressão e produção de proteínas. As bactérias hospedeiras comuns para a expressão de *Pichia Pastoris incluem Y-11430, GS115, KM71, etc. Os vectores de expressão comuns para Pichia Pastoris* são pPICZ, pPIC3K e pPIC9K. Os quadros 2.1 e 2.2 apresentam, respetivamente, listas detalhadas de diferentes bactérias hospedeiras de expressão e das suas caraterísticas de expressão, bem como alguns vectores de expressão comuns para *Pichia Pastoris*. Existem mais de dez tipos de vectores de expressão, que podem ser divididos em vectores de expressão intracelular e vectores de expressão extracelular.

Depois de obter uma certa compreensão da estirpe hospedeira e do vetor de expressão de *Pichia Pastoris*, e considerando as vantagens da estirpe GS115, tais como o elevado nível de expressão, a elevada densidade celular e a elevada produção de proteínas solúveis, este livro seleciona a estirpe GS115 como a estirpe que expressa a proteinase K.

Table1 1 Estirpes hospedeiras de expressão e caraterísticas comuns *de Pichia Pastoris*

Nome da estirpe	Característica
GS115	Elevados níveis de expressão, elevada densidade celular e elevada produção de proteínas solúveis
KM71	Elevado nível de expressão e taxa de crescimento, adequado para a expressão de proteínas que são difícil de dissolver
X33	Pode melhorar a quantidade de expressão e a atividade, e é adequado para o expressão da proteína recombinante
KM71H	Com capacidades de conversão e expressão eficientes
SMD1168H	Melhor eficiência de expressão e maior densidade celular, adequado para a expressão de proteínas de elevado peso molecular; Pode exprimir eficazmente proteínas exógenas
SMD1163	com um rendimento de vários gramas por litro
Y-11430	Capacidade de expressão eficiente e expressão controlável

Table2 2 Vetor de expressão *de Pichia Pastoris* e caraterísticas

Intracelular	Vetor de expressão caraterístico
pPIC3.5K	O vetor de expressão intracelular com base no promotor AOX1 pode realizar a expressão elevado nível de expressão intracelular
pPIC3K	O vetor de expressão intracelular baseado no promotor AOX1 pode exprimir o proteína-alvo em *Pichia Pastoris* com marcador de resistência à canamicina
pGAPZ	Os vectores de expressão intracelular baseados nos promotores da GAPDH são adequados para a expressão de níveis médios a elevados de proteínas alvo e pode ser segregado ou expressos intracelularmente
pGAPZa	Semelhante ao pGAPZ, mas com uma sequência de sinalização do fator alfa que melhora o a estabilidade e o rendimento da proteína expressa

Extracelular	Vetor de expressão caraterístico
pPICZaA/B/CTO	vetor de expressão extracelular baseado no promotor AOX1 pode exprimir a proteína alvo em *Pichia Pastoris* e tem uma sequência de sinal de fator, que pode ser eficazmente segregada e expressa
pPIC9K	Vetor de expressão extracelular baseado no promotor AOX1, que pode ser utilizado com para níveis elevados de expressão extracelular e é marcado com resistência a G418
pPIC3.5K-BGH	O vetor de expressão extracelular baseado no promotor AOX1 com a sequência de sinalização в-galactosidase pode ser utilizado para detetar a expressão e secreção da proteína de fusão
pYAM75P	Contém múltiplos pontos de corte de enzimas de restrição para facilitar a recombinação operações

2.2 Processo de Fermentação *da Pichia Pastoris*

2.2.1 Processo de fermentação

A fermentação de *Pichia Pastoris* que exprime a proteinase K consiste principalmente na desinfeção e esterilização, na transferência e cultivo de estirpes primárias e secundárias, na fase de cultivo em lotes de glicerol, na fase de adição de fluxo de glicerol e na fase de indução de metanol, na purificação do produto e na manutenção do equipamento. O fluxograma do processo de fermentação de

A Pichia Pastoris é apresentada na Figura 2.1.

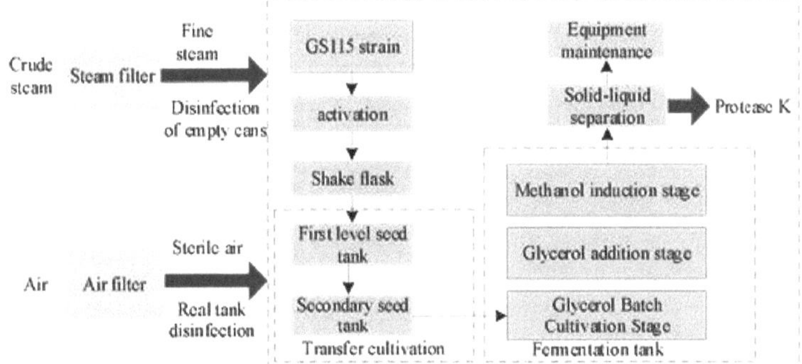

Fig.2.1 Fluxograma do processo de fermentação *da Pichia Pastoris*

No processo de expressão proteica de *Pichia Pastoris, as fases de cultura em lote de glicerol e de adição de glicerol são classificadas como a* fase de *crescimento celular*, com o objetivo de obter células de levedura de elevada densidade. Durante a fase de indução de metanol, o meio de metanol é adicionado ao tanque de fermentação para induzir a expressão de proteínas exógenas. As fases de cultura de glicerol e de adição de glicerol são etapas muito importantes no sistema de expressão de *Pichia Pastoris*. O principal objetivo destas etapas é promover o crescimento e a reprodução rápidos das células bacterianas, a fim de alcançar a gama de concentração bacteriana ideal para a fermentação de alta densidade. Na produção industrial, a monitorização e o controlo em tempo real nesta fase são cruciais, uma vez que concentrações bacterianas superiores ou inferiores a este intervalo podem levar a um aumento dos custos e a uma diminuição da produção de proteínas, resultando em efeitos adversos. Por conseguinte, o domínio das complexas técnicas operacionais das fases de cultivo de glicerol e de adição de glicerol é crucial para um sistema de expressão eficiente de *Pichia Pastoris*. Durante o processo de fermentação *de Pichia Pastoris*, à medida que o tempo passa, o número de *Pichia Pastoris* aumenta continuamente e acaba por atingir o seu pico, proporcionando uma escala bacteriana rica para a fase seguinte após a fase de adição de glicerol. O metanol é utilizado para induzir a expressão da proteinase K. *A Pichia Pastoris* apresenta caraterísticas distintas em diferentes fases de crescimento, e o seu crescimento e reprodução requerem diferentes ambientes de fermentação.

（1）Desinfeção e esterilização

O primeiro e mais importante passo no processo de fermentação *da Pichia Pastoris* é desinfetar e esterilizar o equipamento experimental. A desinfeção e a esterilização incluem a desinfeção do ar e a desinfeção real, entre as quais a desinfeção do ar inclui a desinfeção do ar da conduta de ar e do tanque de fermentação. Antes de proceder à desinfeção do ar, é necessário remover os sensores de pressão, temperatura e outros, uma vez que a sua colocação no interior para desinfeção e esterilização pode facilmente fazer com que os dispositivos electrónicos entrem em contacto com o vapor de água, provocando danos nos dispositivos e afectando a sua vida útil. Em circunstâncias normais, a desinfeção do ar pode durar 40 minutos, mas quando o equipamento é utilizado pela primeira vez ou é utilizado repentinamente após um longo período de inatividade, tem de ser desinfectado novamente a cada 3-5 horas após a primeira desinfeção. Depois de concluída a desinfeção do ar, procede-se à desinfeção propriamente dita. Primeiro, o sensor é instalado de novo na posição correspondente no tanque de fermentação. Em seguida, adiciona-se 50% a 60% do volume de

21

água do tanque com base em factores como a água condensada. Em seguida, de acordo com o grau de abertura e fecho da válvula de vapor de alta temperatura, a pressão do tanque é mantida a 0,12 Mpa, e a temperatura é aumentada para 121 °C a 123 °C durante 30 minutos de desinfeção efectiva.

(2) Transferência e cultivo de estirpes bacterianas primárias e secundárias

Para explorar as condições óptimas de fermentação para o processo de fermentação *da Pichia Pastoris*, tais como a pressão e a temperatura óptimas do tanque e a obtenção de um grande número de estirpes no mais curto espaço de tempo possível, a experiência necessita de fermentar primeiro através de tanques de sementes primários e secundários. Para assegurar o cultivo estéril no tanque de fermentação, é utilizado o método de selagem por chama para a inoculação. Preparar antecipadamente compressas com álcool, pinças para tubos e outros instrumentos de trabalho. A estirpe é colocada num frasco triangular e a dose de inoculação é determinada de acordo com o mecanismo interno de fermentação da estirpe. Em primeiro lugar, acender a compressa de álcool perto da porta de inoculação para permitir a entrada de ar no frasco de fermentação e, em seguida, descarregar o ar da porta de inoculação. Verter as células bacterianas do frasco triangular para o frasco no anel de chama, desinfetar e apertar a tampa da semente. Em seguida, o ar comprimido é introduzido para cultivar as bactérias de fermentação, e a pressão e a temperatura do tanque de fermentação são controladas. Durante o processo de fermentação, os valores de DO e pH são ajustados em tempo real através de um sistema de controlo eletrónico, e as amostras são analisadas utilizando válvulas de tubagem de amostragem desinfectadas com vapor para evitar que a contaminação afecte a qualidade da fermentação. Este método pode prevenir eficazmente a entrada de bactérias diversas e garantir a qualidade e eficiência da fermentação.

(3) Fase de cultivo em lotes de glicerol

Normalmente, o glicerol é utilizado como única fonte de carbono para o cultivo de *Pichia Pastoris*, promovendo um rápido crescimento microbiano no caldo de fermentação. Durante o processo de fermentação, *a Pichia Pastoris* pode consumir 4% de glicerol no meio de cultura no espaço de um dia. Nesta altura, o ajuste do nível de oxigénio dissolvido para mais de 30% é benéfico para o crescimento de microrganismos. O número de microrganismos no caldo de fermentação também aumenta gradualmente .[61]

(4) Fase de adição de glicerol

No processo de cultura de células, para aumentar a concentração bacteriana, pode ser adicionado glicerol ao meio de cultura para promover a expansão do caldo de fermentação. No entanto, quando a concentração bacteriana atinge uma determinada fase e o glicerol se esgota, pode provocar um aumento súbito dos níveis de oxigénio dissolvido para cerca de 100%. Para controlar esta situação, pode adicionar-se 50% (p/v) de glicerol ao caudal, mantendo a ventilação e a velocidade de agitação constantes para manter um nível de oxigénio dissolvido de cerca de 30% .[62]

(5) Fase de indução com metanol

O metanol é utilizado como indutor no processo de indução da expressão de proteínas recombinantes. Quando o glicerol estiver esgotado e o período de transição terminar, interromper a suplementação de glicerol e adicionar metanol para ativar a expressão do promotor AOX1, promovendo assim a expressão de genes exógenos. A fim de controlar o nível de oxigénio dissolvido, a taxa de suplementação de metanol deve ser ajustada para manter um nível de oxigénio dissolvido de cerca de 20% enquanto as células bacterianas se adaptam lentamente ao crescimento do metanol.

(6) Purificação do produto

A fim de isolar e purificar as proteínas expressas por *Pichia Pastoris*, é necessário selecionar métodos adequados para evitar a inativação e a desnaturação das proteínas. As proteínas expressas por *Pichia Pastoris* têm normalmente uma atividade natural, pelo que são necessários métodos de purificação suaves. Normalmente, podem ser dados os seguintes passos para isolar e purificar as proteínas expressas por *Pichia Pastoris*: primeiro, precipitar as proteínas no sobrenadante de fermentação com sulfato de amónio, que pode isolar preliminarmente as proteínas. A concentração e o tempo de precipitação do sulfato de amónio podem ser ajustados de acordo com as propriedades das diferentes proteínas para obter o melhor efeito de precipitação. Em seguida, a proteína precipitada com sulfato de amónio será separada, o que pode inicialmente remover algumas impurezas e proporcionar melhores condições para os passos de purificação subsequentes. Finalmente, são utilizadas diferentes técnicas de cromatografia para separar e purificar o sedimento, como a cromatografia de permuta iónica, a cromatografia de filtração em gel, a cromatografia de afinidade, etc. Ao selecionar as técnicas de cromatografia, é necessário ter em conta as propriedades da proteína-alvo e os requisitos de pureza exigidos. É de notar que os métodos específicos de separação e purificação têm de ser ajustados e optimizados de acordo com as diferentes propriedades e requisitos das proteínas, para garantir o melhor efeito de separação e purificação.

(7) Manutenção do equipamento

Após a purificação do produto, todo o equipamento de fermentação deve ser limpo imediatamente para garantir que não haja caldo de fermentação residual. Após a limpeza, deve ser introduzido ar a alta pressão para lavar o líquido residual na tubagem, de modo a garantir que não ficam manchas de água em todos os cantos do equipamento. Finalmente, colocar o aparelho num ambiente seco e bem ventilado para evitar que a água e o vapor afectem a vida útil do aparelho .[64]

2.2.2 Factores de influência durante o processo de fermentação

A Pichia Pastoris pode exprimir várias proteínas exógenas, mas existem diferenças significativas nos seus níveis de expressão. Isto não está apenas relacionado com as caraterísticas das estirpes selecionadas de *Pichia Pastoris*, mas também com os factores que influenciam o processo de fermentação *de Pichia Pastoris*, nomeadamente os parâmetros ambientais. Para aumentar o teor de proteínas expressas exógenas, a chave é regular estes parâmetros ambientais. A monitorização e a regulação destes parâmetros ambientais que afectam o processo de fermentação desempenham um papel crucial no aumento do rendimento das proteínas exógenas. O processo de fermentação *da Pichia Pastoris* é um processo complexo não linear e os parâmetros envolvidos no processo de fermentação, incluindo a temperatura, o pH, a pressão do tanque, a velocidade de agitação, etc., estão altamente acoplados. As diversas variáveis ambientais estão inter-relacionadas e podem afetar o processo de fermentação *da Pichia Pastoris*. Por conseguinte, é necessário consultar previamente materiais de referência para se familiarizar com as caraterísticas dos parâmetros da *Pichia Pastoris* e dominar as variáveis de controlo ambiental do seu processo de fermentação limite. Exceder este limite levará ao fracasso do processo de fermentação *da Pichia Pastoris*. O diagrama esquemático das inter-relações entre as variáveis no processo de fermentação *de Pichia Pastoris* é apresentado na Figura 2.2.

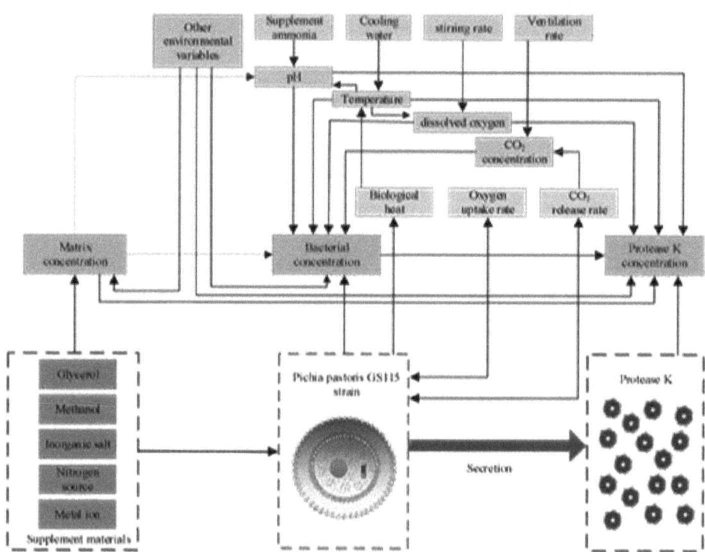

Fig.2.2 Diagrama esquemático das inter-relações entre diversas variáveis

Os principais factores que influenciam o processo de fermentação são os seguintes:

(1) Temperatura: A temperatura está intimamente relacionada com parâmetros ambientais tais como o oxigénio dissolvido e o pH. A taxa de crescimento e o metabolismo da levedura são afectados pela temperatura, e as suas actividades de produção estão diretamente relacionadas com a temperatura [65]. O processo de fermentação *da Pichia Pastoris* é complexo e demorado. Ao longo de todo o processo de fermentação, é necessário um controlo estável e preciso da temperatura para garantir uma fermentação sem problemas. Em teoria, quanto mais elevada for a temperatura, maior será a atividade enzimática e a taxa de reação da enzima aumenta gradualmente. A taxa metabólica também aumenta em conformidade, e a temperatura elevada impede a contaminação por outras células bacterianas, desempenhando um papel na desinfeção e esterilização. No entanto, isto acontece sob certas condições de controlo. Em geral, a temperatura de crescimento da levedura é normalmente mais baixa do que a sua temperatura de fermentação. Por conseguinte, no processo de fermentação da produção industrial atual, a temperatura é geralmente fixada entre 30 e 35 °C. Durante todo o processo de fermentação, a temperatura deve ser mantida moderada. Se a temperatura for demasiado alta ou demasiado baixa, terá um impacto significativo no processo de fermentação e, em casos graves, pode mesmo levar ao fracasso da fermentação.

(2) pH: Durante o processo de fermentação *da Pichia Pastoris*, o pH, tal como a temperatura, é também uma variável ambiental importante. O valor do pH do meio de cultura durante o período de indução tem um impacto no nível de expressão e na qualidade das proteínas exógenas. Ajustar corretamente o valor do pH do meio de cultura pode reduzir o risco de degradação das proteínas e aumentar o nível de expressão das proteínas exógenas. Isto deve-se ao facto de o valor do pH poder afetar a atividade das proteases. Durante o processo de fermentação, a comunidade microbiana metaboliza e produz muitas substâncias semelhantes ao ácido lático e ao ácido acético. À medida que a fermentação progride, estas substâncias acumulam-se continuamente, levando a alterações no valor do pH. Esta alteração afecta o

conteúdo de H+ e OH - na comunidade microbiana, levando a um abrandamento da taxa de crescimento, a uma baixa eficiência de expressão das proteínas alvo e a uma diminuição gradual da atividade enzimática, o que, por sua vez, afecta a qualidade dos resultados da fermentação. Na produção industrial atual, o valor de pH da *Pichia Pastoris* é geralmente fixado em 3,0-8,0, com uma vasta gama. Isto deve-se ao facto de *a Pichia Pastoris* poder exprimir várias propriedades das proteínas exógenas, sendo a gama de pH correspondente selecionada com base nas propriedades das proteínas exógenas expressas. Considerando que a água de amoníaco pode fornecer nutrientes para o processo de fermentação *de Pichia Pastoris* como fonte de carbono e que o pH pode ser ajustado através da adição de água de amoníaco em linha, este método é frequentemente utilizado para ajustar o pH na produção industrial de *Pichia Pastoris*. Este método pode promover a produção bacteriana e garantir o êxito da expressão das proteínas-alvo.

(3) Oxigénio dissolvido (DO): Tal como outras estirpes de levedura, *a Pichia Pastoris* é um microrganismo aeróbico que necessita de um fornecimento suficiente de oxigénio para o seu crescimento e metabolismo, especialmente durante processos de fermentação de alta densidade. Por conseguinte, o oxigénio é uma substância essencial no processo de fermentação *da Pichia Pastoris*. Tal como os valores de temperatura e pH, o oxigénio dissolvido também precisa de ser controlado dentro de um determinado intervalo. Durante a fase de crescimento da fermentação *da Pichia Pastoris*, o nível de oxigénio dissolvido é mantido a 30%. Durante a fase de indução do metanol, o oxigénio dissolvido é reduzido em 10%. O oxigénio dissolvido excessivo ou insuficiente pode ter um impacto significativo no processo de fermentação, uma vez que o etanol ou o ácido acético são facilmente produzidos quando o valor de DO é inferior a 20%, o que pode reduzir a expressão de proteínas exógenas; um valor de DO superior a 60% pode facilmente gerar espécies reactivas de oxigénio, que podem inibir o crescimento bacteriano e mesmo levar à morte bacteriana. Ao mesmo tempo, não é propício à expressão e acumulação de proteínas exógenas. Por conseguinte, é necessário controlar rigorosamente o valor de DO durante o processo de fermentação *da Pichia Pastoris*. Além disso, o valor atual do OD pode ser utilizado para determinar a fase do processo de fermentação: se o OD no tanque continuar a diminuir e se mantiver a um nível baixo, isso indica que as bactérias estão a consumir uma grande quantidade de fonte de carbono e necessitam de uma grande quantidade de oxigénio para manter a atividade metabólica. Quando o nível de DO se mantém abaixo de um determinado limiar, é necessário tomar medidas para repor o oxigénio. Pelo contrário, quando o nível de oxigénio dissolvido começa a subir, isso indica que a fonte de carbono no aquário se esgotou e precisa de ser reposta atempadamente. Os métodos comuns de suplementação de oxigénio incluem a abertura do respiradouro do tanque de fermentação, o aumento da velocidade de agitação do motor ou o aumento da pressão dentro do tanque. Em situações de emergência, o oxigénio puro pode ser introduzido diretamente no tanque para aumentar o teor de oxigénio [66].

(4) Pressão do tanque: A pressão do tanque desempenha um papel igualmente importante no processo de fermentação *da Pichia Pastoris*. Durante o processo de fermentação, a pressão do tanque tem um impacto significativo no crescimento e na síntese de produtos dos microrganismos, manifestando-se principalmente na capacidade da pressão para aumentar a solubilidade do oxigénio e melhorar o fornecimento de oxigénio dissolvido durante o processo de fermentação. No entanto, à medida que a pressão do tanque aumenta, também aumenta a pressão parcial de CO_2, afectando a taxa de troca de ar e levando a uma insuficiência

de dióxido de carbono e oxigénio, resultando em última análise na inibição do feedback, diminuição da atividade bacteriana, fermentação incompleta ou mesmo estagnada, o que pode ter efeitos adversos no crescimento normal dos microrganismos. Da mesma forma, se a pressão do tanque for demasiado baixa, pode levar à invasão de bactérias do ar estranho e causar contaminação bacteriana, o que não pode garantir um cultivo puro. Isto resultará no fracasso do processo de fermentação *da Pichia Pastoris*. Por conseguinte, tendo em conta os dados e a produção industrial efectiva, a pressão do reservatório será controlada em cerca de 0,04 MPa.

(5) OUR: A taxa de absorção de oxigénio (OUR) refere-se à quantidade de oxigénio consumida por unidade de volume de meio de cultura por unidade de tempo, normalmente expressa em unidades de rO2 (mmol/L * h). No processo de fermentação *da Pichia Pastoris*, a taxa de absorção de oxigénio é um parâmetro importante que reflecte a taxa de consumo de oxigénio pelos microrganismos. A taxa de absorção de oxigénio é uma variável caraterística do processo chave na engenharia de fermentação, e a sua medição e análise são de grande importância para aumentar e otimizar o processo de fermentação. Ao controlar com precisão a taxa de absorção de oxigénio e outros parâmetros relacionados, o processo de fermentação pode ser optimizado, melhorando assim o rendimento e a qualidade dos produtos de fermentação. A taxa de absorção de oxigénio durante o processo de fermentação *da Pichia Pastoris* é influenciada por vários factores, incluindo o tipo de microrganismos, a fase de crescimento, a composição do meio de cultura, a concentração de oxigénio dissolvido, a velocidade de agitação, etc. Por exemplo, a concentração bacteriana, os factores genéticos, a idade bacteriana, a composição e a concentração de nutrientes, a acumulação de substâncias nocivas e as condições de cultivo podem afetar a taxa de consumo ou a taxa de absorção de oxigénio. Por conseguinte, ao ajustar estes factores, o processo de fermentação pode ser eficazmente controlado e optimizado.

(6) CER: A taxa de fuga de dióxido de carbono (CER) refere-se à quantidade de dióxido de carbono libertada por unidade de volume de meio de cultura (incluindo microrganismos) por unidade de tempo. A CER pode ser utilizada para indicar a intensidade da respiração microbiana e é um parâmetro metabólico respiratório importante no processo de fermentação *da Pichia Pastoris*. A variação da taxa de libertação de dióxido de carbono durante o processo de fermentação *de Pichia Pastoris* pode refletir o estado metabólico dos microrganismos, fornecendo especialmente indicadores de transição metabólica do crescimento para a produção ou entre os principais substratos. Por conseguinte, a taxa de libertação de dióxido de carbono é um indicador fisiológico e bioquímico fundamental no processo de fermentação *de Pichia Pastoris*. Ao monitorizar e analisar este indicador, o processo de fermentação pode ser melhor compreendido e controlado, melhorando assim o rendimento e a qualidade do produto. Durante o processo de fermentação *da Pichia Pastoris*, a alteração da taxa de libertação de dióxido de carbono é influenciada por vários factores, incluindo a taxa de crescimento dos microrganismos, a composição do caldo de fermentação, os parâmetros do processo e do equipamento, etc. Por exemplo, quando os parâmetros do processo e do equipamento são constantes, existe uma relação proporcional entre a taxa de libertação de dióxido de carbono (RCE) e a taxa de crescimento microbiano, ou seja, RCE ″ taxa de crescimento bacteriano 3. Para além disso, o valor do pH durante o processo de fermentação é também um parâmetro importante. As alterações anormais do valor do pH podem ser devidas a uma relação C/N inadequada, a uma quantidade insuficiente de oxigénio dissolvido e a outras razões que

conduzem à acumulação de ácidos orgânicos ou à produção de substâncias alcalinas.

A partir do diagrama esquemático das inter-relações entre várias variáveis durante o processo de fermentação *da Pichia Pastoris*, pode ver-se que existe um forte acoplamento entre as variáveis ambientais, tais como o valor do pH, a temperatura, o oxigénio, a fonte de carbono, a fonte de azoto, os oligoelementos, a agitação e a ventilação, que se afectam mutuamente. A sua gama e fornecimento adequados podem afetar o crescimento e a atividade metabólica dos microrganismos, afectando assim a eficácia do processo de fermentação. A influência mútua dos factores ambientais é muito complexa e requer regulação e otimização com base em microrganismos e condições de fermentação específicos. No entanto, nem todas as variáveis ambientais têm correlações significativas com as principais variáveis de produção, pelo que é necessário conhecer as caraterísticas dos parâmetros e o impacto de cada variável ambiental, em combinação com o mecanismo interno de fermentação da *Pichia Pastoris*, a fim de melhorar a expressão de proteínas exógenas. Para além dos parâmetros ambientais supramencionados que têm um impacto significativo no processo de fermentação *da Pichia Pastoris*, outros factores paramétricos, como a velocidade de agitação do motor, a concentração de indutor, a taxa de absorção de oxigénio, a OUR, a taxa de fuga de dióxido de carbono (CER), o tempo de fermentação, etc., também têm efeitos importantes, que não serão aqui analisados.

A Tabela 2.3 apresenta os valores óptimos dos parâmetros do processo para a fermentação de *Pichia Pastoris*.

Quadro 2.3 Parâmetros óptimos de fermentação de *Pichia Pastoris*

Variável de ambiente	pH	dissolvido oxigénio	Caudal de ar	Temperatura	Velocidade de agitação	Pressão do tanque
Parâmetro ótimo valores	Cerca de 5.0	20-30%	10L/min	30C	200 rpm	0,04Mpa

As variáveis no processo de fermentação *da Pichia Pastoris* dividem-se principalmente em duas categorias: variáveis ambientais que podem ser diretamente previstas e variáveis biológicas fundamentais que são difíceis de prever em linha. Atualmente, a tecnologia de sensores correspondente está muito madura e é amplamente utilizada no processo de fermentação industrial real. Combinando com o processo real de fermentação *da Pichia Pastoris*, pode saber-se que as variáveis ambientais no processo de fermentação *da Pichia Pastoris* podem ser obtidas em tempo real através dos sensores correspondentes. No entanto, faltam atualmente métodos de medição economicamente eficazes para os principais parâmetros bioquímicos, como a concentração bacteriana, a concentração de substrato e a concentração de produto no processo de fermentação *de Pichia Pastoris*. A utilização direta de novos biossensores para a medição em tempo real apresenta ainda algumas dificuldades técnicas. Atualmente, depende principalmente de testes e análises laboratoriais offline para obter, mas a utilização de métodos offline não só consome muita mão de obra e recursos, como também provoca facilmente a contaminação bacteriana e a amostragem manual tem erros, afectando seriamente a implementação de estratégias de controlo do processo de fermentação e a melhoria dos processos de fermentação.

A tecnologia de sensores suaves é uma das formas eficazes de resolver o problema dos principais parâmetros bioquímicos no processo de fermentação de *Pichia Pastoris* que não podem ser medidos em linha. Este livro centra-se na tecnologia de sensores suaves, selecionando parâmetros ambientais adequados como variáveis de entrada e, com base no modelo de sensores suaves de parâmetros bioquímicos chave construído, obtendo uma estimativa e previsão óptimas de parâmetros bioquímicos chave que não podem ser medidos diretamente durante o processo de fermentação *de Pichia Pastoris*. Isto evita problemas como operações complexas, morosidade, consumo de energia e potencial poluição.

As principais variáveis e os seus métodos de medição na fermentação de *Pichia Pastoris* são apresentados no Quadro 2.4.

Quadro 2.4 Principais variáveis e respectiva medida principal

Tipo de parâmetro	Parâmetro	Unidade	Método de ensaio
Mensurável ambiental variáveis	Exaustão de CO2 concentração $y_{.,,}$ *	g/L	Elétrodo de deteção de gás CO2
	O2 de escape concentração y_o	g/L	Elétrodo de deteção de gás O2
	pH do caldo de fermentação	-	elétrodo de pH
	Pressão P	MPa	Sensor de pressão
	Taxa de ventilação l	L/min	Medidor de caudal
	Fermentação temperatura T	°C	Sensor de temperatura
	Oxigénio dissolvido DO	%	Analisador de oxigénio dissolvido
	Volume de fermentação caldo V	L	Sensor de pressão diferencial
	Caudal de amoníaco taxa de aceleração Fa	L/min	Sensor de velocidade de fluxo
	Fluxo de peptona taxa de aceleração Fb	L/min	Sensor de velocidade de fluxo
suplemento materiais	Fluxo de sais inorgânicos taxa de aceleração Fc	L/min	Sensor de velocidade de fluxo
	Fluxo de glicose taxa de aceleração Fd	L/min	Sensor de velocidade de fluxo
	Fluxo de glicerol taxa de aceleração Fe	L/min	Sensor de velocidade de fluxo
	Caudal de metanol taxa de aceleração Ff	L/min	Sensor de velocidade de fluxo
Principais parâmetros bioquímicos	Concentração bacteriana X	g/L	Medição offline

2.3 Experiência de Fermentação *de Pichia Pastoris* e Análise de Dados
2.3.1 Experiência de fermentação

A estirpe GS115 de *Pichia Pastoris* foi selecionada para esta experiência e o vetor de expressão foi o pPICZ α A. O laboratório está localizado em Jiangsu Maike Biotechnology Co.

O modelo de cuba de fermentação selecionado é a cuba de fermentação RTY-C-100L. Para além do equipamento básico, como tubagens e válvulas, são também instalados no corpo do tanque instrumentos de medição da temperatura, oxigénio dissolvido, pH, pressão do tanque, caudal e sensores de velocidade do vento. O diagrama da experiência de fermentação é apresentado na Figura 2.3.

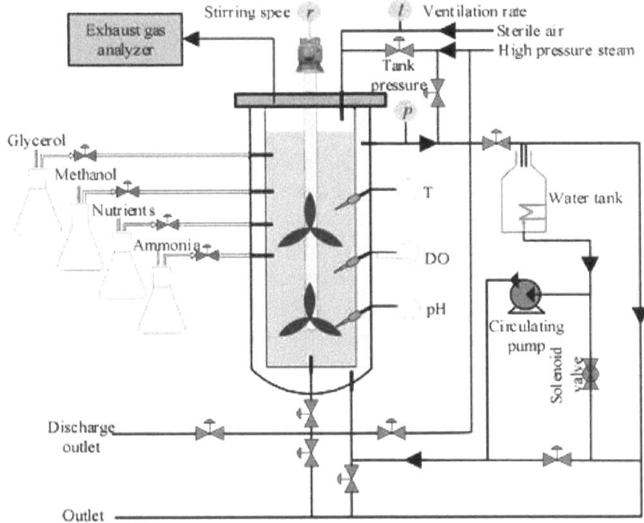

Fig.2.3 Diagrama esquemático do processo experimental de fermentação de *Pichia Pastoris*

Com base numa certa compreensão do processo de fermentação *de Pichia Pastoris* e dos parâmetros ambientais que afectam o processo de fermentação na fase inicial, este livro concebe as seguintes experiências sobre o processo de fermentação *de Pichia Pastoris*:

(1) Ativar, transferir e cultivar a estirpe GS115 *de Pichia Pastoris*. Normalmente, o cultivo em frasco agitado é efectuado primeiro para explorar preliminarmente as condições de fermentação adequadas. Nesta base, a estirpe é inoculada num tanque de sementes para cultivo expandido, de modo a atingir o volume bacteriano adequado. Por fim, transfere-se a estirpe expandida para o tanque de fermentação para posterior fermentação, a fim de aumentar o crescimento e a eficiência metabólica.

(2) Depois de efetuar a desinfeção do ar e a esterilização da conduta de ar e do tanque de fermentação, definir as variáveis ambientais adequadas para a fermentação de *Pichia Pastoris* e controlar a temperatura entre 27 °C *e 30* °C; controlar o pH entre 4 e 6; controlar a pressão do tanque entre 0,02 e 0,04 MPa; controlar a taxa de ventilação entre 150 e 400 L/M; controlar a velocidade do motor entre 200 e 400 rpm. Depois de atingir as condições óptimas de inoculação para cada variável, injetar a estirpe através de inoculação por chama.

(3) A amostragem de dados ambientais é realizada a cada 0,5 horas e os dados recolhidos são transmitidos ao computador através de um sistema de controlo distribuído para formar uma base de dados. Com base no método do peso seco das células, a concentração bacteriana pode ser obtida offline, e o espetrofotómetro automático para amostragem mede a concentração de proteinase K.

(4) Na fase final da fermentação, a concentração de células bacterianas permaneceu basicamente inalterada. Por conseguinte, a fase de fermentação descontínua de glicerol, a fase de alimentação de glicerol e a fase de indução de metanol no processo de fermentação de *Pichia Pastoris* foram selecionadas como os períodos de tempo para a recolha de dados. Este

período de tempo foi controlado nas primeiras 90 horas do processo de fermentação e 180 conjuntos de dados foram definidos como um lote, para um total de 3 lotes de dados. Nos três lotes de dados, as variáveis ambientais iniciais definidas são diferentes, pelo que cada lote de dados é tratado como dados sob diferentes condições de trabalho, divididos em três condições de trabalho: G1, G2 e G3. Entre eles, 120 conjuntos de dados são utilizados como conjunto de teste em cada lote de dados, e os restantes 60 conjuntos de dados são utilizados como conjunto de validação para verificar a exatidão da previsão do modelo de sensor suave.

2.3.2 Análise dos dados

Durante a experiência de fermentação da *Pichia Pastoris*, as variáveis ambientais como a temperatura, o pH, o oxigénio dissolvido, a pressão do tanque, a taxa de ventilação e a velocidade do motor podem ser obtidas diretamente através de sensores. Estas variáveis podem ser obtidas diretamente a partir da interface do sistema de medição e controlo da fermentação da *Pichia Pastoris*. As outras quatro variáveis auxiliares, teor de oxigénio, teor de dióxido de carbono, taxa de absorção de oxigénio e taxa de libertação de dióxido de carbono, são fornecidas pelo analisador de gases residuais de fermentação industrial SK-3000. Devido ao facto de o processo de fermentação *da Pichia Pastoris* ser um sistema não linear incerto e multi-condições, o crescimento das células bacterianas é influenciado por muitos factores, o que resulta em diferenças significativas nos dados de fermentação entre cada lote. Há duas razões para isso, a atualização contínua dos processos operacionais e a substituição das matérias-primas do produto, que resultam em diferentes caraterísticas dos parâmetros-chave nos processos de lote em diferentes fases; outra razão é que, durante o processo de fermentação industrial em grande escala na fábrica, existem diferenças entre as condições adequadas fornecidas pelo laboratório para a fermentação de *Pichia Pastoris*, e é necessário alterar constantemente os parâmetros para obter os valores ideais dos parâmetros. Através da análise dos dados do processo de fermentação, podemos compreender o crescimento e os padrões metabólicos dos microrganismos em diferentes condições, otimizar as condições de fermentação, melhorar a eficiência da produção e a qualidade do produto e fornecer apoio de dados para a gestão inteligente dos processos de fermentação microbiana. Assim, nesta experiência com *Pichia Pastoris*, os dados da levedura foram divididos em três condições de funcionamento. Os valores específicos de configuração inicial dos parâmetros ambientais nas três condições de trabalho são apresentados na Tabela 2.5.

Quadro 2.5 Valores iniciais das variáveis ambientais

Variável de ambiente	G1	G2	G3
Temperatura (°C)	27	30	28.5
pH	4.0	5.0	6.0
Pressão do tanque (MPa)	0.02	0.04	0.03
Taxa de ventilação (L/M)	150	300	200
Velocidade de agitação (rpm)	350	200	250

2.4 Resumo do presente capítulo

O fluxo do processo de fermentação *de Pichia Pastoris* é analisado principalmente neste capítulo. Em primeiro lugar, são introduzidas as caraterísticas do sistema de expressão e são elaborados os tipos e caraterísticas comuns das bactérias hospedeiras de expressão *de Pichia Pastoris* e dos vectores hospedeiros de expressão. O fluxo do processo de fermentação *de Pichia Pastoris* é explicado em profundidade, incluindo as caraterísticas de crescimento da fase de cultura em lote de glicerol, da fase de adição de glicerol e da fase de indução de metanol, bem como os processos operacionais de desinfeção, esterilização, cultura de inoculação e purificação. Finalmente, as experiências de fermentação de *Pichia Pastoris* são realizadas em diferentes condições ambientais iniciais e os dados de fermentação são recolhidos em três condições de funcionamento diferentes. As razões para a diferença na distribuição dos dados e as caraterísticas dos dados em cada condição de funcionamento são analisadas, lançando as bases para a modelação de medições suaves em condições de funcionamento múltiplas nas secções seguintes deste livro.

Capítulo 3

Modelação suave de sensores com base em múltiplas condições de funcionamento

A tecnologia de sensor suave é utilizada neste capítulo para prever os principais parâmetros bioquímicos durante o processo de fermentação *da Pichia Pastoris*. Em primeiro lugar, são selecionadas variáveis auxiliares e, em seguida, a precisão da previsão do modelo tradicional de sensor suave é melhorada através do aperfeiçoamento do algoritmo do lobo cinzento. Finalmente, o algoritmo de aprendizagem por transferência melhorado é aplicado para resolver o problema de falha do modelo de sensor suave, tornando-o adaptável a múltiplas condições de trabalho. Os resultados da simulação verificam a eficácia do método de modelação de sensores flexíveis proposto neste livro.

3.1 Seleção de variáveis auxiliares

No processo de aprendizagem por transferência, as variáveis auxiliares devem ser a primeira consideração ao estabelecer o modelo mais básico do domínio de origem. Porque a ideia da modelação de sensores suaves é obter as variáveis-chave que são difíceis de prever em linha através de valores de variáveis auxiliares facilmente mensuráveis. Considerando que a concentração bacteriana pode refletir bem o processo de fermentação *da Pichia Pastoris*, a concentração bacteriana é escolhida como o parâmetro bioquímico chave neste livro. No entanto, existem muitas outras variáveis ambientais no processo de fermentação *da Pichia Pastoris*. Se todas elas forem utilizadas como variáveis auxiliares, não só complicará a modelação como também conduzirá facilmente ao fracasso da modelação. De acordo com o Capítulo 2, sabe-se que as condições ambientais em que *a Pichia Pastoris* opera durante o processo de fermentação são extremamente complexas e interactivas. Por conseguinte, é necessário considerar de forma abrangente os factores de influência e selecionar as variáveis que têm um grande impacto na concentração bacteriana, de modo a prever com precisão os resultados do modelo de previsão do sensor suave estabelecido e a reduzir o tempo de modelação. O método de informação mútua do vizinho mais próximo K é aplicado neste livro para selecionar as variáveis auxiliares, calculando o valor da informação mútua entre as variáveis ambientais e os principais parâmetros bioquímicos.

A informação mútua é um método proposto por Claude Shannon na sua teoria da informação para medir a correlação ou a dependência entre duas variáveis aleatórias. Em aplicações práticas, a informação mútua pode ser utilizada em vários domínios, como a seleção de caraterísticas, a compressão de dados, o processamento de sinais, o reconhecimento de padrões e o processamento de linguagem natural. Na seleção de caraterísticas, a informação mútua pode ser utilizada para avaliar a correlação entre cada caraterística e a variável-alvo, a fim de selecionar o conjunto de caraterísticas mais preditivo. Na compressão de dados, a informação mútua pode ser utilizada para calcular a semelhança entre dois conjuntos de dados, a fim de encontrar o método de compressão mais eficaz. No processamento de sinais, a informação mútua pode ser utilizada para analisar a relação entre a frequência e a fase de um sinal, conseguindo assim a desmodulação do sinal e a redução do ruído. No reconhecimento de padrões e no processamento de linguagem natural, a informação mútua pode ser utilizada para identificar as correlações entre diferentes caraterísticas, melhorando assim a precisão da classificação e do reconhecimento. A fórmula da informação mútua é definida como

$$I(x,y) = \iint p(x,y) \lg p(x,y) / p(x)p(y) dxdy \qquad (3.1)$$

Na fórmula, $p(x, y)$ representa a distribuição de probabilidade conjunta entre duas variáveis, e $p(x)$, $p(y)$ representa a distribuição de probabilidade marginal da variável aleatória x, y.
Devido à impossibilidade de determinar a distribuição de probabilidades das variáveis auxiliares no processo de fermentação *da Pichia Pastoris*, é necessário um método melhorado de informação mútua do vizinho mais próximo K. Este método pode avaliar a informação mútua entre variáveis ambientais e parâmetros-chave sem conhecer a distribuição de probabilidades, selecionando assim com precisão as variáveis auxiliares.

Supondo que existem N amostras $\omega^i = (x^{(i)T}, y^{(i)T})^T$, se o K-*ésimo* vizinho mais próximo de ω^i é ω^k, as distâncias entre estas duas amostras mapeadas para o eixo de coordenadas x, y são $\phi_x(i)/2$ **and** $\phi_y(i)/2$. O número de pontos de dados que satisfazem $\left\| x^i - x^j \right\| \le \phi_x(i)/2$ é definido como n_x, e o número que satisfaz $\left\| y^i - y^j \right\| \le \phi_y(i)/2$ é definido como n_y A fórmula para a informação mútua do K-*ésimo* vizinho é

$$I(x,y) = \Theta(k) - 1/k - \left\langle \Theta(n_x) + \Theta(n_y) \right\rangle + \Theta(N) \qquad (3.2)$$

Na equação, $\Theta(x)$ é a função digamma, $\Theta(x) = \Gamma(x)^{-1} d\Gamma x / dx$, e k tomam normalmente valores de 2-6 e $\left\langle ... \right\rangle = N^{-1} \sum_{i=1}^{N} E(...(i))$. Ao analisar a informação mútua entre as variáveis ambientais e a concentração bacteriana, como se mostra na Figura 3.1, as 6 principais variáveis ambientais são selecionadas como variáveis auxiliares, nomeadamente DO, pH, temperatura de fermentação T, velocidade de rotação r, taxa de aceleração do fluxo de glicerol F_e e fluxo de metanol
taxa de aceleração F_f, que são aplicadas como variáveis auxiliares para a modelação de sensores suaves.

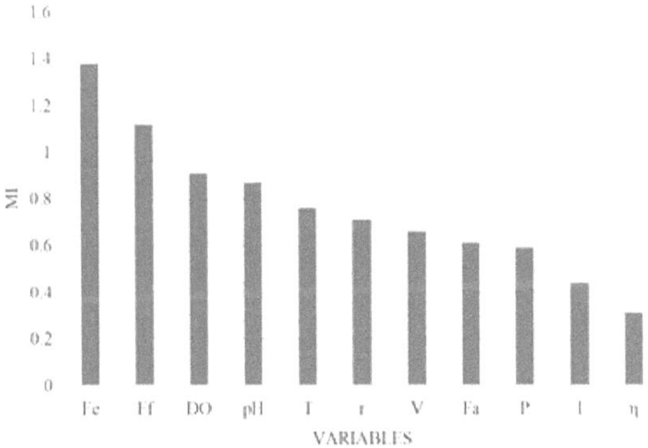

Fig.3.1 Informação mútua entre variáveis ambientais e concentrações bacterianas

Utilização de métodos de informação mútua para calcular a correlação entre diversas variáveis ambientais e parâmetros bioquímicos fundamentais, como a concentração bacteriana, selecionando variáveis ambientais com elevada correlação como variáveis

33

auxiliares para o modelo de sensor suave do processo de fermentação *de Pichia Pastoris*, estabelecendo assim um modelo de sensor suave.

3.2 Modelo de sensor suave GWO-MALSTM

3.2.1 Redes neuronais de memória de curto prazo

A rede de memória de curto prazo longa (LSTM) é um algoritmo desenvolvido a partir de redes neuronais recorrentes[68-69] . O seu processo de controlo é semelhante ao das redes neuronais recorrentes básicas, mas a LSTM é muito mais complexa do que as redes neuronais recorrentes e pode resolver os problemas de desaparecimento e explosão do gradiente nas redes neuronais recorrentes. Em comparação com outros modelos de redes neuronais, as redes neuronais de curto prazo têm melhor desempenho, como as redes neuronais recorrentes no tempo e os modelos ocultos de Markov HMM. Utilizando as redes neuronais de curto prazo, é possível construir uma rede neuronal mais profunda. Com efeito, num modelo de sistema não linear complexo, as redes neuronais de curto prazo podem ser consideradas como uma unidade de sistema não linear complexo. Como núcleo da rede neural LSTM, é utilizada uma estrutura celular especial para preservar a informação histórica. A estrutura LSTM é apresentada na Figura 3.2.

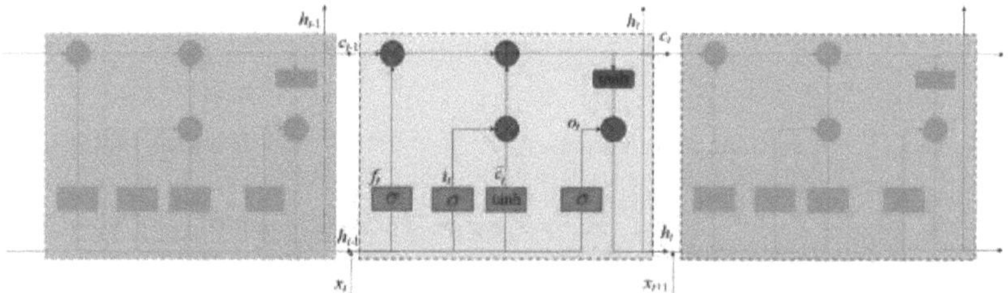

Fig.3.2 A estrutura da rede neuronal de memória de curto e longo prazo

A Figura 3.2 mostra que a rede de memória LSTM é composta por uma camada de entrada, uma camada de unidade de memória (camada de células), uma camada totalmente conectada e uma camada de saída. A camada de entrada recebe os dados de entrada, a camada de unidade de memória aprende as caraterísticas periódicas dos dados da série temporal, a camada totalmente conectada efectua a transformação da dimensão dos dados e a camada de saída passa os dados previstos. Entre elas, representam respetivamente a saída no momento anterior e a saída no momento atual, representam o estado da unidade de armazenamento no momento anterior e o estado da unidade de armazenamento no momento atual, e representam o valor de entrada. A informação pode ser transmitida de forma ordenada através da estrutura das unidades celulares, e a informação histórica pode optar por ser actualizada ou ignorada através destas três estruturas de portas.

(1) Calcular a porta de esquecimento f_{t-1} . A porta do esquecimento determina quanto do estado da célula pode ser guardado no estado atual da célula no momento *t-1*.

$$f_t = \sigma(W_f[h_{t-1}, x_t] + b_f) \tag{3.4}$$

(2) Calcular o estado da porta de entrada i_t . A porta de entrada determina a quantidade de novos

informação adquirida $\tilde{c}_t$ ct tem de ser actualizada e o resultado do cálculo passa a fazer parte do estado atualizado do neurónio c_t.

$$i_t = \sigma(W_i[h_{t-1}, x_t] + b_i) \tag{3.5}$$

$$\tilde{c}_t = \tanh(W_c[h_{t-1}, x_t] + b_c) \tag{3.6}$$

$$c_t = f_t \odot c_{t-1} + i_t \odot \tilde{c}_t \tag{3.7}$$

(2) Calcular a porta de saída o_t. A porta de saída determina a quantidade de informação actualizada do estado do neurónio c_t que pode tornar-se a variável de estado da camada oculta h_t.

$$o_t = \sigma(W_o[h_{t-1}, x_t] + b_o) \tag{3.8}$$

$$h_t = o_t \odot \tanh(c_t) \tag{3.9}$$

Aqui, W_f, W_i, W_c e W_o são as matrizes de peso das portas de controlo relevantes; b_f, b_i, b_c e b_o são os vectores de polarização correspondentes; a é a função de ativação Sigmoid, com um intervalo de valores controlado dentro de [0,1], em que 0 representa tudo ignorado e 1 representa tudo retido; Tanh é a função de ativação tangente hiperbólica, representando o produto de Hadamard. Estas três portas de controlo e unidades de armazenamento únicas permitem que as redes neuronais de longo prazo resolvam modelos de dados de séries temporais longas.

O LSTM é utilizado para prever o parâmetro bioquímico chave concentração bacteriana no processo de fermentação *de Pichia Pastoris* nas três condições de funcionamento. De acordo com a Figura 3.3-3.5, pode ver-se que a previsão da concentração bacteriana tem um bom efeito, mas ainda existe algum erro. Por conseguinte, o LSTM é melhorado através da utilização do algoritmo de otimização, como se mostra a seguir.

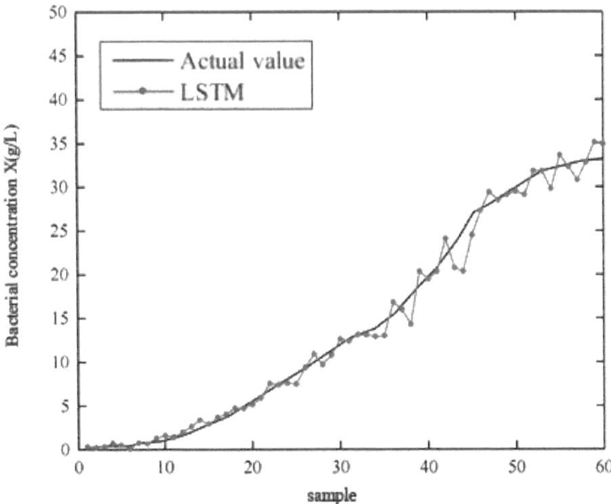

Fig.3.3 Resultados da previsão da concentração bacteriana em G1

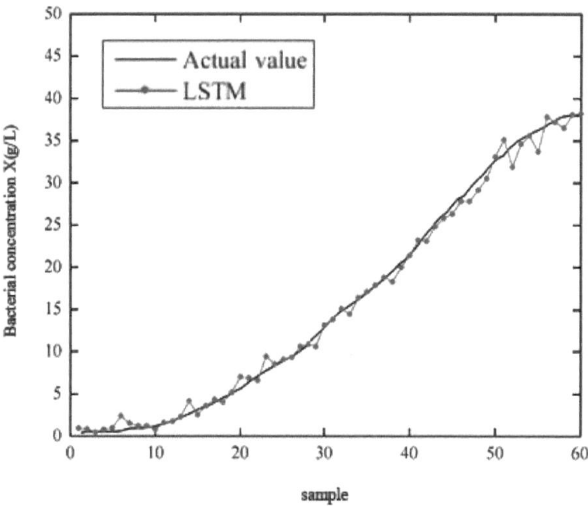

Fig.3.4 Resultados da previsão da concentração bacteriana em G2

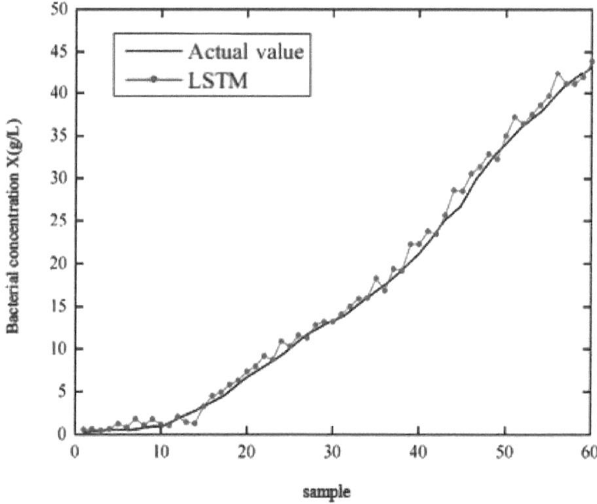

Concentração bacteriana X(g/L)

Fig.3.5 Resultados da previsão da concentração bacteriana em G3

3.2.2 Mecanismo de atenção com várias cabeças

O mecanismo do processo de fermentação *da Pichia Pastoris* é complexo, com um forte acoplamento, várias fases, uma forte variação no tempo e caraterísticas não lineares. Ao mesmo tempo, com a concorrência cada vez mais feroz no mercado e a procura crescente de diversificação dos produtos, o processo de fermentação *da Pichia Pastoris* exige uma atualização contínua das proporções das fórmulas dos produtos e uma mudança frequente das condições de funcionamento durante o processo de fermentação para produzir produtos diversificados que satisfaçam a procura do mercado. Isto resulta no facto de o processo de

36

fermentação *da Pichia Pastoris* ter caraterísticas multi-condições (também conhecido como processos multi-condições). Mesmo que sejam selecionados seis parâmetros ambientais como variáveis de entrada para o modelo de sensor suave, a redundância dos dados continua a ter um certo impacto na precisão da previsão do modelo. O modelo tradicional de sensor suave de rede neural LSTM partilha pesos entre estados intermédios para diferentes caraterísticas, o que significa que cada caraterística tem o mesmo impacto final nos principais parâmetros bioquímicos previstos pela LSTM. No entanto, devido às caraterísticas multi-condições da fermentação de *Pichia Pastoris*, diferentes caraterísticas de entrada têm diferentes graus de impacto no modelo de sensor suave LSTM final. Por conseguinte, é adotado um mecanismo de atenção multi-cabeças para melhorar o LSTM.

O mecanismo de atenção multi-cabeças é um mecanismo de atenção que combina várias cabeças de atenção. Cada cabeça de atenção pode concentrar-se em diferentes partes da sequência de entrada, melhorando assim o desempenho do modelo. Especificamente, o mecanismo de atenção multi-cabeças projecta a entrada em várias cabeças de atenção diferentes, calcula os pesos de atenção para cada cabeça de atenção e, finalmente, concatena os resultados de várias cabeças de atenção para obter o resultado final. O fluxograma específico é apresentado na Figura 3.6.

No mecanismo de atenção de várias cabeças, é adotado o método de atenção de produto escalonado. A operação de produto escalar exige que a consulta e a chave tenham o mesmo comprimento, conforme necessário. A fórmula para o mecanismo de atenção de várias cabeças é a seguinte:

$$Attention(Q,K,V) = soft\max(\frac{QK^T}{\sqrt{d_k}})V \qquad (3.10)$$

$$Q = AW^Q \qquad (3.11)$$

$$K = AW^K \qquad (3.12)$$

$$V = AW^V \qquad (3.13)$$

Na fórmula, Q representa a matriz de consulta, K representa a matriz de chave, V representa a matriz numérica, A é a matriz de entrada, W^Q, W^K, W^V representa as matrizes de peso de Q, K e V, e d_k representa a dimensionalidade de Q, K e V.

$$Multihead(Q,K,V) = concat(head_1,...,head_h)W^o \qquad (3.14)$$

$$head_i = Attention(QW_i^Q, KW_i^K, VW_i^V) \qquad (3.15)$$

Na fórmula, W_i^Q, W_i^K e W_i^V representam, respetivamente, a matriz de peso da i-ésima cabeça de atenção e W^o é o peso da última camada totalmente ligada.

O valor final da previsão é obtido através da ligação da saída do mecanismo de atenção multi-cabeças utilizando a camada de fusão, e a fórmula é a seguinte

$$D = FC[Multihead(Q,K,V)] \qquad (3.16)$$

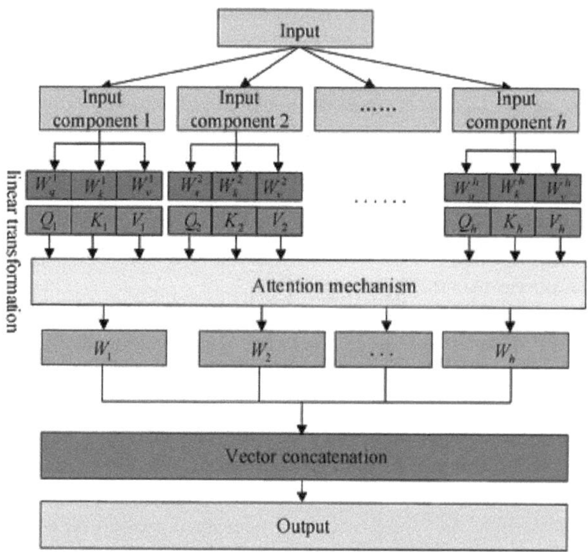

Fig.3.6 Estrutura do mecanismo de atenção multi-cabeças

Após a melhoria do mecanismo de atenção de várias cabeças, existem vários parâmetros (parâmetros da camada oculta, taxa de aprendizagem, tempos de iteração, etc.) no modelo de sensor suave construído com base no LSTM. As definições tradicionais da experiência humana apresentam frequentemente desvios significativos, que afectam a precisão e a velocidade de execução dos resultados finais. Nos últimos anos, a investigação sobre algoritmos de otimização inteligentes e as suas aplicações na otimização de parâmetros de modelos tem sido muito ativa, obtendo resultados gratificantes. O algoritmo Grey Wolf Optimization (GWO) é um algoritmo de inteligência de enxame que simula o comportamento de caça dos lobos cinzentos. O algoritmo foi proposto pela primeira vez pelo académico australiano Mirjalili em 2014. Com base no nível social dos lobos cinzentos, atribui tarefas de caça como o cerco, a perseguição e o ataque a diferentes níveis de grupos de lobos cinzentos para completar o comportamento de caça, alcançando assim o processo de otimização global. Tem um forte desempenho de convergência, estrutura simples, poucos parâmetros que precisam de ser ajustados e é fácil de implementar. Existem factores de convergência adaptáveis e mecanismos de feedback de informação que podem alcançar um equilíbrio entre a otimização local e a pesquisa global. Por conseguinte, tem um bom desempenho na resolução de problemas com elevada precisão e velocidade de convergência. Atualmente, o algoritmo de otimização do lobo cinzento tem sido amplamente aplicado em muitos domínios. Com base nisto, este livro utiliza o algoritmo de otimização do lobo cinzento para otimizar os parâmetros da camada oculta, a taxa de aprendizagem e os tempos de iteração dentro da rede LSTM, estabelecendo assim um modelo mais preciso de previsão de sensores suaves.

3.2.3 Algoritmo de otimização do lobo cinzento

Após a melhoria do mecanismo de atenção multi-cabeça, devido ao facto de a maioria dos parâmetros relevantes (parâmetros da camada oculta, taxa de aprendizagem e tempos de iteração) no LSTM serem obtidos com base na experiência manual, existem problemas como o longo tempo de ajuste do modelo e a fácil convergência local. Por isso, este livro utiliza o algoritmo Grey Wolf Optimization (GWO) para otimizar os parâmetros da camada oculta, a taxa de aprendizagem e os tempos de iteração dentro da rede LSTM .[71]

O algoritmo GWO é um algoritmo de otimização inspirado na predação dos lobos cinzentos na natureza. Simula a hierarquia social e o sistema de predação das populações de lobos cinzentos para obter um excelente desempenho global de pesquisa e convergência. Tem um forte desempenho de convergência, uma estrutura simples, poucos parâmetros que precisam de ser ajustados e é fácil de implementar. Possui um fator de convergência adaptável e um mecanismo de feedback de informação, que permite alcançar um equilíbrio entre a otimização local e a pesquisa global. Por conseguinte, tem um bom desempenho na resolução de problemas e velocidade de convergência. Além disso, este algoritmo pode ser combinado com outros algoritmos para melhorar ainda mais o desempenho da otimização. Especificamente, a base do algoritmo do lobo cinzento consiste em ordenar a população de acordo com um sistema hierárquico rigoroso, dividindo a alcateia nas três camadas superiores (ou seja, $a> \theta'$ camadas) e na camada inferior (ou seja, ω camada). No processo de otimização, o algoritmo do lobo cinzento optimiza gradualmente a qualidade da solução através da implementação de estratégias como rodear a presa, seguir a presa e caçar a presa. O fluxograma é apresentado na Figura 3.7.

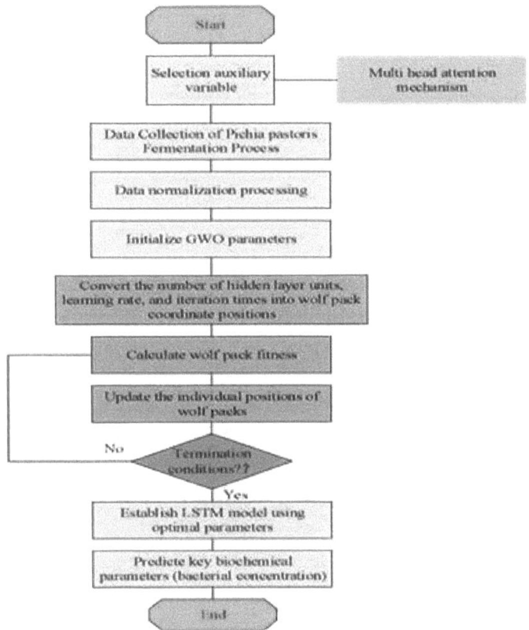

Fig.3.7 O fluxograma de estabelecimento do modelo GWO-MALSTM

As etapas detalhadas do algoritmo de otimização do lobo cinzento são as seguintes
(1) Cercar a presa. O processo de otimização do algoritmo do lobo cinzento exige que a solução óptima seja cercada, e a fórmula é a seguinte

$$\vec{D} = \left| \vec{C}.\vec{X}_p(t) - \vec{X}(t) \right| \tag{3.17}$$

$$\vec{X}(t+1) = \vec{X}_p(t) - \vec{A}\vec{D} \tag{3.18}$$

Na fórmula, t é o número atual de iterações; a Equação 3.17 representa a distância entre o lobo cinzento guiado e a sua presa; a Equação 3.18 representa a atualização do lobo cinzento posição; $\vec{X}_p$ and $\vec{X}$ representam, respetivamente, as posições da presa e dos lobos cinzentos.

$$\vec{A} = 2\vec{a}.\vec{r}_1 - \vec{a} \tag{3.19}$$

$$\vec{C} = 2\vec{r}_2 \tag{3.20}$$

$$a = 2 - \frac{t}{t_{max}} \tag{3.21}$$

Na fórmula, $\vec{A}$ and $\vec{C}$ são vectores de coeficientes de colaboração. Durante o processo de iteração, $\vec{a}$ é o coeficiente de convergência, que diminui linearmente de 2 para 0; $\vec{r}_1$ and $\vec{r}_2$ são variáveis aleatórias no intervalo de [0,1].

(2) Seguir e caçar a presa. No processo de procura de potenciais soluções óptimas, os lobos β and δ rodeiam as suas presas sob a orientação dos lobos α. Durante o processo de otimização, simulam o comportamento de caça de matilhas de lobos naturais, assumindo que a, β and δ têm um melhor conhecimento da localização da presa. Depois, as três melhores soluções são utilizadas para orientar o lobo cinzento ω a atualizar a sua posição. O processo de orientação é apresentado nas equações 3.22-3.24:

$$\begin{cases} \vec{D}_\alpha = \left| \vec{C}_1.\vec{X}_\alpha - \vec{X} \right| \\ \vec{D}_\beta = \left| \vec{C}_2.\vec{X}_\beta - \vec{X} \right| \\ \vec{D}_\delta = \left| \vec{C}_3.\vec{X}_\delta - \vec{X} \right| \end{cases} \tag{3.22}$$

$$\begin{cases} \vec{X}_1 = \vec{X}_\alpha - \vec{A}_1 \times \vec{D}_\alpha \\ \vec{X}_2 = \vec{X}_\beta - \vec{A}_2 \times \vec{D}_\beta \\ \vec{X}_3 = \vec{X}_\delta - \vec{A}_3 \times \vec{D}_\delta \end{cases} \tag{3.23}$$

$$\vec{X}(t+1) = \frac{\vec{X}_1 + \vec{X}_2 + \vec{X}_3}{3} \tag{3.24}$$

Na equação, $\vec{D}_\alpha, \vec{D}_\beta, \vec{D}_\delta$ representa a distância entre o lobo cinzento atual e os três lobos ideais. $\vec{X}_\alpha, \vec{X}_\beta, \vec{X}_\delta$ representa as posições dos lobos α, β e δ na população atual; $\vec{X}(t+1)$ representa o vetor de movimento final do lobo cinzento. O intervalo de $\vec{A}$ é $[-a,a]$. Quando $\left| \vec{A} \right| > 1$, os lobos cinzentos são dispersos para procurar a solução óptima. A direção dos lobos cinzentos pode ser localizada em qualquer ponto entre a sua posição atual e a presa, o que ajuda na otimização global. Quando $|\vec{A}| < 1$, a alcateia concentra-se em atacar a presa para encontrar a solução óptima. Neste livro, a função de aptidão do lobo cinzento é definida como

$$f = \sum_{i=1}^{T}(y - y_i),$$

onde y é o valor verdadeiro, yi é o valor previsto e T é o comprimento da série temporal.

3.2.4 Análise de simulação

Com base na análise acima, este livro estabelece um modelo de sensor suave de *Pichia Pastoris* usando o algoritmo de rede neural LSTM. Ao mesmo tempo, o algoritmo melhorado Grey Wolf é utilizado para otimizar os parâmetros-chave do LSTM e estabelecer o modelo de sensor suave GWO-MALSTM *Pichia Pastoris*. Em comparação com os modelos tradicionais de sensores suaves, a precisão da previsão do modelo LSTM melhorado foi significativamente melhorada. Para verificar se a precisão da previsão do modelo LSTM melhorado é melhorada no processo de fermentação *de Pichia Pastoris* em várias condições, é comparada e analisada com o LSTM não melhorado e com os métodos tradicionais de modelação de sensores suaves LSSVM e BPNN. Os resultados da simulação são apresentados na Figura 3.8-3.10.

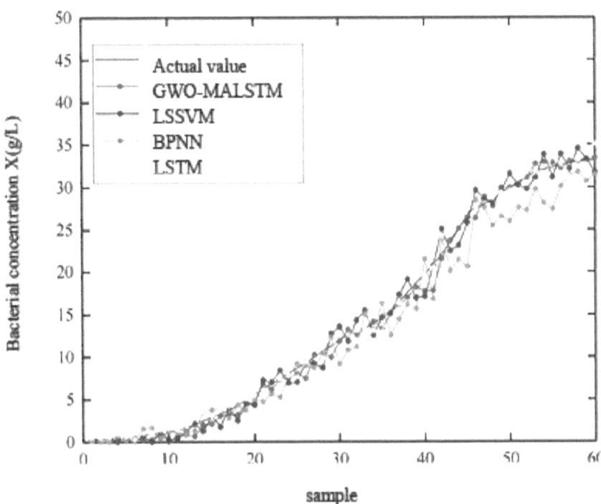

Fig.3.8 Comparação de diferentes modelos para prever as concentrações bacterianas em G1

41

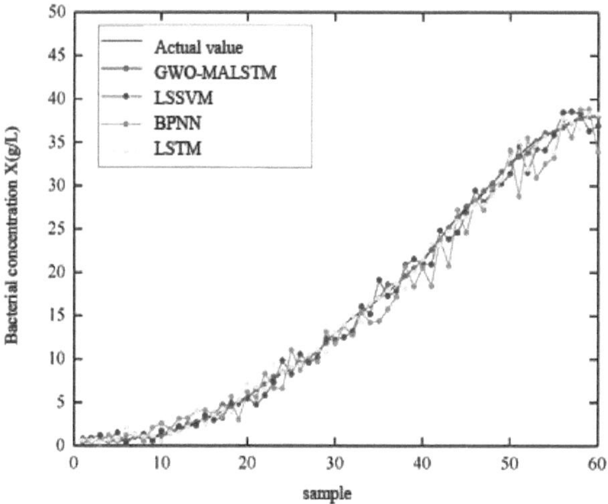

Fig.3.9 Comparação de diferentes modelos para prever as concentrações bacterianas em G2

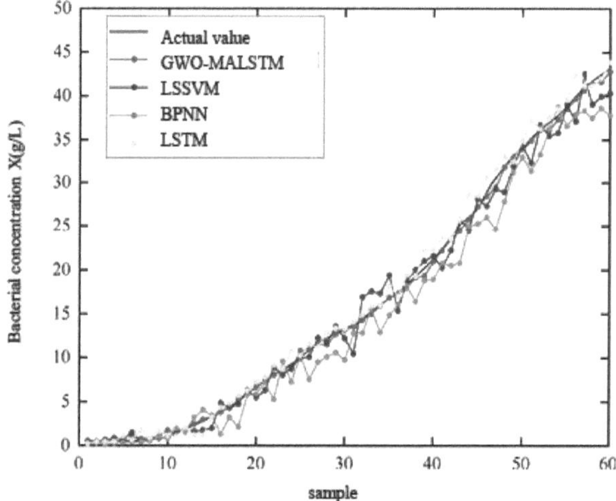

Fig.3.10 Comparação de diferentes modelos para prever as concentrações bacterianas em G3

A partir do gráfico de comparação da previsão de sensores suaves de parâmetros bioquímicos chave (concentração bacteriana) em diferentes processos de fermentação *de Pichia Pastoris* na Figura 3.10, pode ver-se que, em comparação com LSSVM, BPNN e LSTM tradicional, o modelo GWO-MALSTM melhorado prevê a concentração bacteriana de *Pichia Pastoris* com maior precisão em todas as condições do processo de fermentação. Por conseguinte, este livro escolhe o LSTM baseado no mecanismo de atenção multi-cabeça e no algoritmo de otimização do lobo cinzento como método de modelação de sensores suaves.

A fim de resolver o problema da falha do modelo causada pela distribuição de dados entre diferentes lotes e melhorar ainda mais a precisão da previsão e a usabilidade do modelo de sensor suave, este documento introduz o método de aprendizagem por transferência para melhorar ainda mais o modelo de sensor suave de *Pichia Pastoris* estabelecido

3.3 Visão geral da teoria da aprendizagem por transferência

3.3.1 Definição de aprendizagem por transferência

A aprendizagem por transferência (TL) é um método de aprendizagem automática em que um modelo treinado numa tarefa pode ser utilizado para acelerar o processo de aprendizagem de outra tarefa relacionada, resultando num melhor desempenho numa nova tarefa. A ideia básica da aprendizagem por transferência é que, ao utilizar o conhecimento e a experiência existentes, as novas tarefas podem ser aprendidas mais rapidamente, melhorando a capacidade de generalização e a adaptabilidade do modelo. Em termos simples, significa utilizar os conhecimentos existentes para aprender novos conhecimentos, e o objetivo principal é encontrar semelhanças entre os conhecimentos existentes e os novos conhecimentos. Em termos idiomáticos, é como fazer analogias de um exemplo para outro. Devido ao elevado custo de aprender diretamente do zero no domínio-alvo, recorremos à utilização de conhecimentos relevantes existentes para ajudar a aprender novos conhecimentos o mais rapidamente possível. A aprendizagem por transferência é semelhante a aprender a jogar ténis depois de aprender a jogar badminton na vida, e a aprender a andar de bicicleta depois de aprender a andar de carro a bateria. O modelo de máquina treinado pode reconhecer gatos e melhorar o reconhecimento de cães. Sendo uma tecnologia muito importante na aprendizagem automática, tem sido amplamente aplicada e obteve resultados de investigação significativos em domínios como a visão computacional e os cuidados de saúde desde a sua proposta em 1995.

Existem dois conceitos importantes na aprendizagem por transferência, nomeadamente Domínio e *Tarefa*, abreviados como D e T. O domínio é o objeto da aprendizagem, incluindo o domínio de origem e o domínio de destino, abreviados como D_s e D_t . O domínio é constituído principalmente por duas partes, nomeadamente os dados e a distribuição de probabilidades que gera esses dados. O espaço de caraterísticas dos dados é representado por x , o espaço de caraterísticas do domínio de origem é representado por x_s , e o espaço de caraterísticas do domínio de destino é representado por x_t, em que X são os dados no espaço de caraterísticas do domínio, X = {x₁ ,x₂ ,...,*xn*}∈*x* , e a distribuição de probabilidades é representada por $P(X)$. Por conseguinte, o domínio D é representado por $D = \{\%, P(X)\}$. A tarefa também é composta principalmente por duas partes, nomeadamente a etiqueta e a função correspondente à etiqueta. O espaço da etiqueta é representado por y e a função de aprendizagem correspondente à etiqueta é representada por $f(.)$. Da mesma forma, o espaço alvo no domínio de origem e o espaço alvo no domínio de destino são representados por y_s e y_t, respetivamente. Assim, a tarefa T é representada por $T = \{f, f(.)\}$.

3.3.2 Necessidade de aprendizagem por transferência

Analisando o processo de fermentação *da Pichia Pastoris*, sabe-se que este tem uma caraterística de multi-condições (referido como um processo multi-condições). Para se aproximar do processo de fermentação real *da Pichia Pastoris*, este livro estabelece artificialmente três condições na experiência de fermentação da *Pichia Pastoris* para simular o processo de fermentação industrial real. As três condições são definidas como G1, G2 e G3, respetivamente. Durante a recolha de dados do processo de fermentação *da Pichia Pastoris*, verificou-se que existiam diferenças significativas na distribuição dos dados entre as diferentes condições, o que levaria à falha do modelo de sensor suave histórico estabelecido. Para verificar esta situação, foi primeiro estabelecido um modelo com G1 como domínio de destino e G2 e G3 como domínios de origem. O modelo de sensor suave estabelecido foi então utilizado diretamente para prever a concentração bacteriana sob a condição 1, como se mostra em G2-G1 e G3-G1 na Figura 3.11; Da mesma forma, G2 é utilizado como domínio alvo, G1 e G3 são utilizados como domínios de origem, e G3 é utilizado como domínio alvo, G1 e G2 são utilizados como domínios de origem para análise de simulação para verificar se o modelo falha. Os resultados da simulação são apresentados na Figura 3.11.

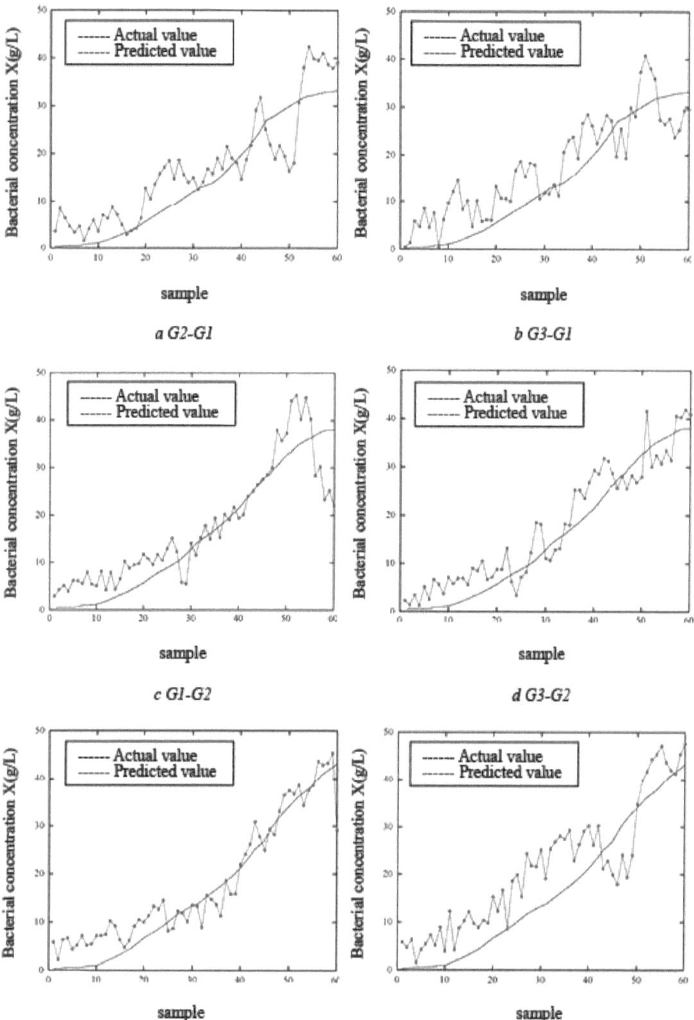

Fig.3.11 Resultados da previsão da migração para diferentes condições de funcionamento

A partir da aprendizagem por transferência mútua entre as diferentes condições de funcionamento, pode verificar-se que o modelo de sensor suave estabelecido com base nos dados de G2 e G3 tem um fraco desempenho na previsão da concentração bacteriana durante o processo de fermentação G1; o mesmo modelo de sensor suave estabelecido com base nos dados de G1 e G3 para prever a concentração bacteriana nas condições de G2 também produziu resultados fracos; o modelo de sensor suave estabelecido nas condições de G1 e G2 para prever a concentração bacteriana em G3 continua a produzir resultados muito fracos. Por conseguinte, pode inferir-se dos resultados da previsão que o modelo de sensor suave estabelecido em condições de fermentação históricas não pode ser diretamente utilizado para prever a concentração bacteriana noutras condições.

Os resultados da simulação verificaram que o modelo de sensor suave no domínio da fonte é suscetível de falhar quando as condições de funcionamento mudam durante o processo de fermentação. Considerando que, para prever com exatidão a concentração bacteriana em diferentes condições de funcionamento, é necessário reconstruir o modelo de sensor suave para diferentes condições de funcionamento. No entanto, no processo de produção industrial atual, as condições de funcionamento da *Pichia Pastoris* são mais complexas e diversas. Modelar o processo de fermentação de cada condição de trabalho separadamente a partir do zero não só consome muito tempo, como também é propenso a falhas de modelação devido aos dados complexos do processo de fermentação *da Pichia Pastoris*. Por conseguinte, este capítulo propõe a ideia de utilizar a aprendizagem por transferência para a modelação.

3.3.3 Critérios de medição

A medição não é apenas uma ferramenta fundamental utilizada em disciplinas como a aprendizagem automática e a estatística, mas também uma ferramenta importante na aprendizagem por transferência. A sua essência consiste em medir as diferenças entre dois domínios, encontrando essencialmente uma transformação que minimiza a distância entre o domínio de origem e o domínio de destino, ou seja, maximiza a semelhança. Na aprendizagem por transferência, os critérios de medição habitualmente utilizados incluem várias distâncias comuns, a semelhança, a divergência KL e a distância JS, a distância A e a discrepância média máxima (MMD), etc. Entre elas, a MMD é o método de medição mais utilizado na aprendizagem por transferência e o seu valor quadrático é geralmente considerado como o valor de medição, como mostra a fórmula (3.25). A distância A é uma métrica simples, mas útil, normalmente utilizada para calcular a semelhança entre dados de dois domínios, como mostra a fórmula (3.26).

$$MMD^2(X,Y) = \left\| \frac{1}{n_1} \sum_{i=1}^{n_1} \phi(x_i) - \frac{1}{n_2} \sum_{j=1}^{n_2} \phi(y_j) \right\|_{\mathcal{H}}^2 \qquad (3.25)$$

Na equação, $\phi(.)$ é um mapeamento utilizado para mapear a variável original para o espaço de Hilbert do núcleo reprodutor, e *n1* e *n2* representam o número de amostras para as duas variáveis, respetivamente.

$$A(D_s, D_t) = 2(1 - 2err(h)) \qquad (3.26)$$

Na fórmula, h representa o classificador binário treinado e $err(h)$ representa a perda do classificador.

3.4 Algoritmo de aprendizagem por transferência melhorado

Um tipo de algoritmo de aprendizagem por transferência comummente utilizado é a adaptação da distribuição de dados. A ideia básica deste método é que, quando as distribuições de probabilidade dos dados nos domínios de origem e de destino são diferentes, são necessárias algumas transformações para aproximar as distâncias entre as diferentes distribuições de dados. As diferentes distribuições de probabilidade dos dados incluem diferentes distribuições de probabilidade marginal e diferentes distribuições de probabilidade condicional. A diferença na distribuição marginal dos dados refere-se à dissemelhança global dos dados. A distribuição condicional dos dados é diferente, o que significa que os dados como um todo são semelhantes, mas, especificamente para cada classe, não são muito semelhantes. Como mostra a figura abaixo, a adaptação da distribuição de bordas corresponde às situações em (a) e (b) da Figura 3.12, enquanto a adaptação da distribuição condicional corresponde às situações em (a) e (c) da Figura 3.12. O objetivo do método de adaptação da distribuição dos bordos é reduzir a distância entre as distribuições de probabilidade dos bordos dos domínios de origem e de destino. Formalmente, a distância entre $P(\mathbf{x}_S)$ e $P(\mathbf{x}_t)$ aproxima a diferença na probabilidade de borda entre os dois domínios, ou seja, $Dis\tan ce(D_s, D_t) \approx \|P(\mathbf{x}_s) - P(\mathbf{x}_t)\|$. O objetivo do método adaptativo de distribuição condicional é reduzir a distância entre as distribuições de probabilidade condicional do domínio de origem e do domínio de destino. A distância entre $P(y_s \mid x_s)$ e $P(y_t \mid x_t)$ é utilizada para aproximar a diferença de probabilidade condicional entre os dois domínios, ou seja $Dis\tan ce(D_s, D_t) \approx \|P(y_s \mid \mathbf{x}_s) - P(y_t \mid \mathbf{x}_t)\|$.

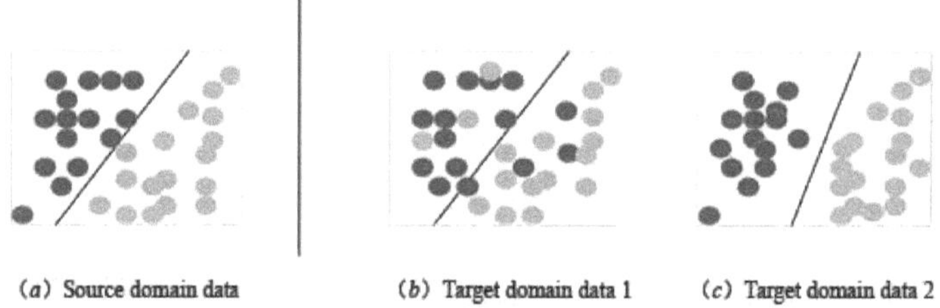

(a) Dados do domínio de origem (b) Dados do domínio de destino 1 (c) Dados do domínio de destino 2 Fig.3.12 Dados do domínio de destino com diferentes distribuições de dados

3.4.1 Distribuição equilibrada adaptável

A adaptação da distribuição equilibrada (BDA) inclui a adaptação da distribuição dos bordos e a adaptação da distribuição condicional. O método de adaptação da distribuição dos bordos foi proposto pela primeira vez pela equipa do Professor Yang Qiang, da Universidade de Ciência e Tecnologia de Hong Kong, e chama-se Análise de Componentes de Transferência (TCA). No entanto, a TCA apenas resolve o problema das diferenças nas distribuições de probabilidade dos bordos. Posteriormente, Long Mingsheng propôs o método de Adaptação da Distribuição Conjunta (JDA), que reduz simultaneamente as diferenças nas distribuições de probabilidade de extremidade e nas distribuições de probabilidade condicional. No entanto, em cenários de aplicação prática, verificou-se que a adaptação da distribuição dos limites e a adaptação da distribuição condicional não são igualmente importantes durante o processo de migração. Wang Jindong e outros do Instituto de Tecnologia Informática da Academia Chinesa de Ciências propuseram o método BDA para resolver este problema, que pode ajustar de forma adaptativa a importância da distribuição de extremidades e da distribuição condicional no processo de adaptação da distribuição de acordo com campos de dados específicos. Por conseguinte, este livro adopta o algoritmo BDA como método de aprendizagem por transferência. A fórmula do BDA é a seguinte:

$$DISTANCE(D_s, D_t) \approx (1 - \mu)DISTANCE(P(x_s), P(x_t)) + \mu DISTANCE(P(y_s \mid x_s), P(y_t \mid x_t)) \tag{3.27}$$

A partir da equação acima, pode ver-se que o BDA ajusta dinamicamente a distância entre duas distribuições utilizando um fator de equilíbrio μ. Quando $\mu \in [0,1]$ representa o fator de equilíbrio, e quando $\mu \to 0$ representa a diferença significativa entre os dados do domínio de origem e de destino, a adaptação da distribuição de extremidade é mais importante; Quando $\mu \to 1$, indica um elevado grau de semelhança entre os dados do domínio de origem e de destino, tornando a adaptação da distribuição de probabilidade condicional mais importante. Aqui, o fator de equilíbrio μ é aproximado através do cálculo da distância A global e local dos dados de dois domínios separadamente. Em geral, pode concluir-se que o fator de equilíbrio pode ajustar dinamicamente a importância de cada distribuição com base na distribuição real dos dados e obter bons efeitos de adaptação da distribuição. A fórmula para estimar a distância de distribuição entre domínios utilizando o MMD é a seguinte

$$DISTANCE(D_s, D_t) = (1-\mu) \| \frac{1}{n} \sum_{i=1}^{n} A^T x_i - \frac{1}{m} \sum_{j=1}^{m} A^T x_j \|_{\mathcal{H}}^2 + \mu \sum_{c=1}^{c} \| \frac{1}{n_c} \sum_{x_i \in D_s^{(c)}} A^T x_i - \frac{1}{m_c} \sum_{x_j \in D_t^{(c)}} A^T x_j \|_{\mathcal{H}}^2 \qquad (3.28)$$

Na fórmula, n e m representam o número de amostras nos domínios de origem e de destino, respetivamente, enquanto n_c e m_c representam o número de amostras da classe c na

domínios de origem e de destino, respetivamente; $D_s^{(c)}$ and $D_t^{(c)}$ representam respetivamente

amostras pertencentes à categoria c nos domínios de origem e de destino $\|\cdot\|_{\mathcal{H}}$ é o núcleo de reprodução
norma do espaço de Hilbert (RKHS).
Em seguida, utilizaremos técnicas de matriz e regularização para transformar o objetivo de otimização BDA em:

$$\min tr(A^T X[(1-\mu)M_0 + \mu \sum_{c=1}^{c} M_c]X^T A) + \lambda \|A\|_F^2 \qquad (3.29)$$
$$s.t. \ A^T X H X^T A = I, 0 \leq \mu \leq 1$$

Na fórmula, $\lambda \|A\|_F^2$ é o termo de regularização, e as fórmulas *paraM0 eM$_c$* são:

$$(M_0)_{i,j} = \begin{cases} \dfrac{1}{n^2}, & x_i, x_j \in D_s \\[2mm] \dfrac{1}{m^2}, & x_i, x_j \in D_t \\[2mm] -\dfrac{1}{mn}, & otherwise \end{cases} \qquad (3.30)$$

$$(M_c)_{i,j} = \begin{cases} \dfrac{1}{n_c^2}, & x_i, x_j \in D_s^{(c)} \\[2mm] \dfrac{1}{m_c^2}, & x_i, x_j \in D_t^{(c)} \\[2mm] -\dfrac{1}{m_c n_c}, & \begin{cases} x_i \in D_s^{(c)}, x_j \in D_t^{(c)} \\ x_i \in D_t^{(c)}, x_j \in D_s^{(c)} \end{cases} \\[3mm] 0, & otherwise \end{cases} \qquad (3.31)$$

A solução final para o problema de otimização da adaptação da distribuição equilibrada adopta
o método do multiplicador de Lagrange, tomando o multiplicador de Lagrange como
$\Phi = (\phi_1, \phi_2, \cdots \phi_m)$ e obtendo a função de Lagrange correspondente como:

$$tr(A^T X[(1-\mu)M_0 + \mu\sum_{c=1}^{c} M_c]X^T A) + \lambda\|A\|_F^2 + tr([I - A^T XHX^T A]\Phi) \qquad (3.32)$$

Seja $\partial L / \partial A = 0$ para obter a decomposição generalizada dos valores próprios

$$(X[(1-\mu)M_o + \mu\sum_{c=1}^{c} M_c]X^T + \lambda I)A = XHX^T A\Phi \qquad (3.33)$$

Finalmente, a matriz de aptidão óptima A pode ser obtida resolvendo os m mais pequenos vectores próprios da fórmula.

3.4.2 Aprendizagem por transferência melhorada (ITL)

Depois de ter adquirido uma certa compreensão do processo de fermentação *da Pichia Pastoris*, este livro realizou experiências de fermentação com base nas três condições estabelecidas artificialmente no Capítulo 2. A aprendizagem por transferência tradicional adopta frequentemente o método de transferência do modelo como um todo, o que não só desperdiça tempo, como também a precisão da previsão do modelo não é muito precisa. A LSTM é um tipo de rede neural recorrente (RNN) adequada para a previsão de dados de séries cronológicas. Na rede LSTM, a camada intermédia funciona como um extrator de caraterísticas que pode extrair caraterísticas dos dados de entrada. À medida que o número de camadas do modelo aumenta, a informação extraída torna-se cada vez mais especializada, enquanto a informação dos parâmetros de nível inferior é mais geral[72-73] . Este método hierárquico de extração de caraterísticas permite às redes LSTM modelar eficazmente sequências complexas com diferentes especificidades.

Em geral, os parâmetros de alto nível das redes LSTM são mais especializados na captação de informações específicas de uma determinada tarefa, enquanto os parâmetros de baixo nível tendem a captar informações gerais. Por conseguinte, a fim de analisar qual a camada de LSTM que pode ser fixada no processo de fermentação *de Pichia Pastoris* em condições múltiplas sem afetar a precisão da previsão da concentração bacteriana e, ao mesmo tempo, encurtando o tempo de modelação, foram concebidas experiências para fixar os parâmetros de cada camada de LSTM. Apenas algumas camadas de parâmetros por detrás do modelo foram treinadas utilizando dados do domínio de origem para ajudar com uma pequena quantidade de dados do domínio de destino que não são facilmente medidos em linha.

Isto resultou num modelo com elevada precisão e custo de tempo ótimo para prever os principais resultados de concentração bacteriana.

Em primeiro lugar, utilizando os dados G1 como dados do domínio de origem, é estabelecido um modelo do domínio de origem.

Em seguida, os parâmetros das camadas 0-3 do LSTM são fixados separadamente e comparados com o caso de

transferindo diretamente a aprendizagem sem parâmetros fixos. Os dados do domínio alvo de G2 e G3 são previstos em sequência, como mostram as Figuras 3.13 e 3.14.

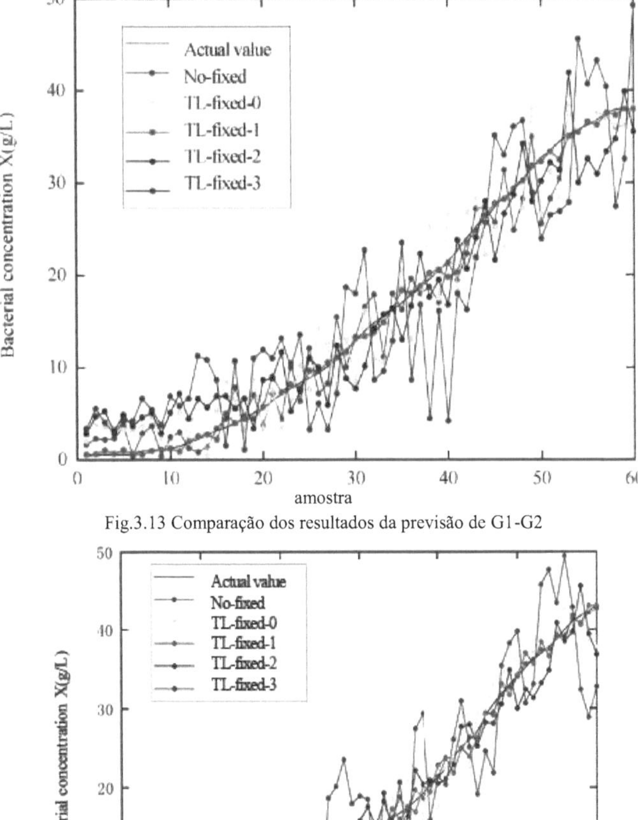

Fig.3.13 Comparação dos resultados da previsão de G1-G2

Fig.3.14 Comparação dos resultados da previsão de G1-G3

A partir dos resultados da simulação da previsão da concentração bacteriana nas condições de funcionamento G1-G2 e G1-G3, pode concluir-se que a fixação dos parâmetros da primeira camada de

O LSTM e, em seguida, a previsão da aprendizagem por transferência produzem os melhores resultados. Do mesmo modo, G2 foi utilizado como domínio de origem para estabelecer um modelo. Os parâmetros das camadas 0-3 do domínio de origem LSTM foram fixados e a aprendizagem por transferência foi aplicada para prever G1 e G3. Os resultados da simulação experimental são apresentados nas Figuras 3.15 e 3.16.

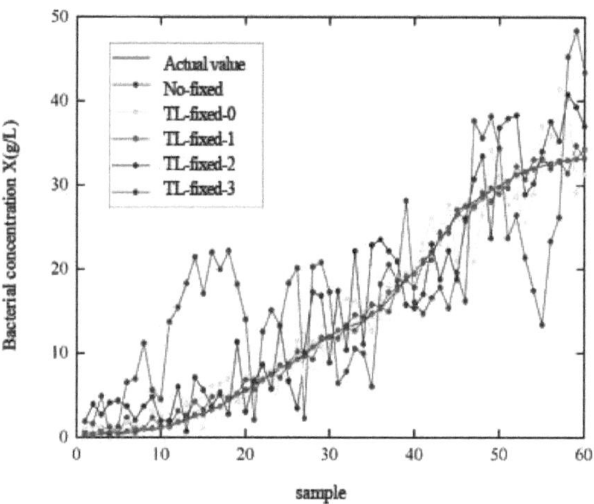

Fig.3.15 Comparação dos resultados da previsão de G2-G1

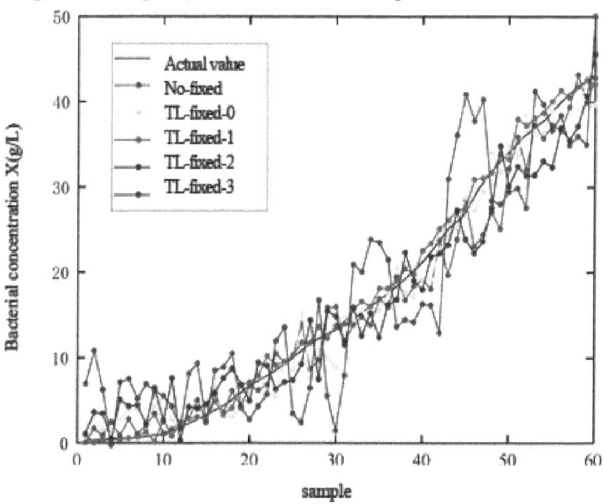

Fig.3.16 Comparação dos resultados da previsão de G2-G3

A partir dos resultados da simulação de G2-G1 e G2-G3, verifica-se que o efeito da aprendizagem por transferência é melhor quando a primeira camada é fixa.

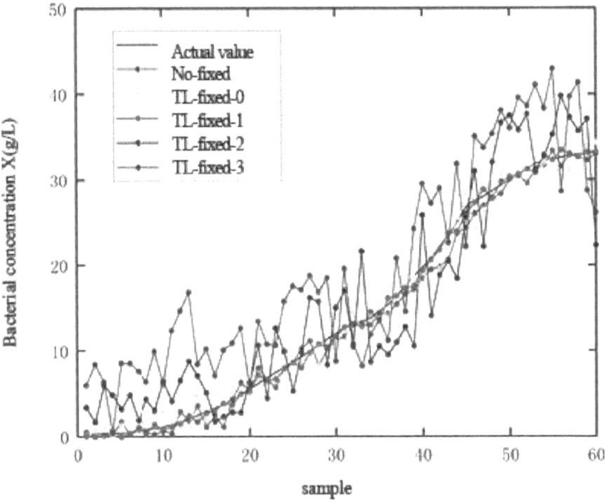

Fig.3.17 Comparação dos resultados da previsão de G3-G1

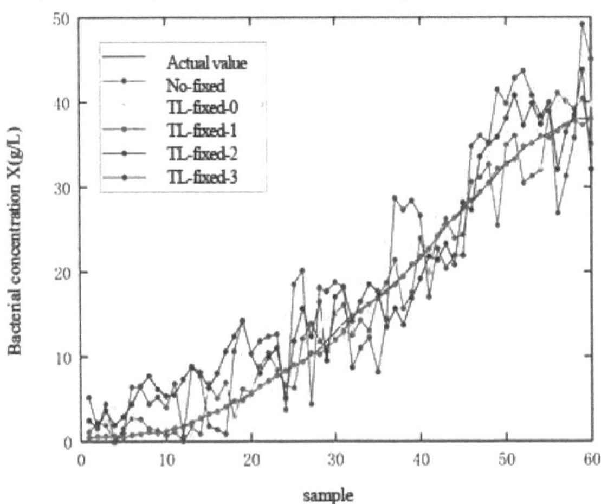

Fig.3.18 Comparação dos resultados da previsão de G3-G2

Finalmente, G3 foi também utilizado como domínio de origem para estabelecer um modelo. Os parâmetros das camadas 0-3 do LSTM do domínio de origem foram fixados e a aprendizagem por transferência foi efectuada em G1 e G2 para prever os valores da concentração bacteriana em diferentes condições de funcionamento.

Os resultados da simulação experimental são apresentados nas Figuras 3.17 e 3.18.

De acordo com os resultados da simulação na Figura 3.17 e na Figura 3.18, pode ver-se que, quando os parâmetros comuns da primeira camada são fixados, a concentração bacteriana prevista continua a ser muito exacta durante a aprendizagem por transferência subsequente.

Com base nos resultados da utilização da aprendizagem por transferência para prever a concentração bacteriana entre as três condições de funcionamento acima mencionadas, pode concluir-se que, quando os parâmetros da primeira camada do LSTM são fixados para a

51

aprendizagem por transferência, não só a precisão se mantém inalterada, como também se poupa muito tempo de treino do modelo. Além disso, ao migrar entre estas três condições de funcionamento, é evidente nas Figuras 3.13-3.18 que a raiz do erro quadrático médio entre os modelos é significativamente reduzida em comparação com outras camadas quando os parâmetros da primeira camada são fixados para migração. Por conseguinte, ao realizar a aprendizagem por transferência neste livro, o primeiro passo é selecionar os parâmetros fixos da primeira camada do LSTM como parâmetros comuns para outros modelos do domínio de destino e, em seguida, treinar os restantes parâmetros.

3.5 Construção do modelo de sensor suave ITL-GWO-MALSTM

3.5.1 Construção do modelo de sensor suave

Antes da transferência entre diferentes condições de funcionamento no processo de fermentação *da Pichia Pastoris*, os parâmetros da primeira camada do modelo LSTM histórico são primeiro fixados como parâmetros da camada comum para outras condições de funcionamento e transferidos para aprendizagem. Isto não só encurta o tempo de modelação como também melhora a precisão da previsão do modelo. Uma vez que a concentração bacteriana de *Pichia Pastoris* já está saturada após 90 horas de fermentação, concentramo-nos apenas nos dados das primeiras 90 horas do modelo de previsão e recolhemos dados de meia em meia hora. Este livro recolheu dados da experiência de fermentação de *Pichia Pastoris* em três condições diferentes, cada uma com 180 amostras. Após o tratamento de denoising, 120 amostras de dados foram uniformemente selecionadas como o conjunto de treino, 60 amostras de dados como o conjunto de previsão e selecionadas como variáveis auxiliares. A concentração bacteriana X foi utilizada como variável-chave de saída. Para as condições de funcionamento G1, G2, G3, utiliza-se qualquer uma delas como domínio de origem e as outras duas como domínio de destino. E através da análise comparativa no texto anterior, verifica-se que a utilização do algoritmo adaptativo de distribuição equilibrada para a aprendizagem por transferência pode reduzir as diferenças na distribuição de probabilidade de borda e na distribuição de probabilidade condicional entre os dados, e pode obter modelos precisos de sensores suaves em várias condições de funcionamento.

Com base na análise efectuada na secção anterior do livro, o modelo de sensor suave ITL-GWO-MALSTM é apresentado na Figura 3.19.

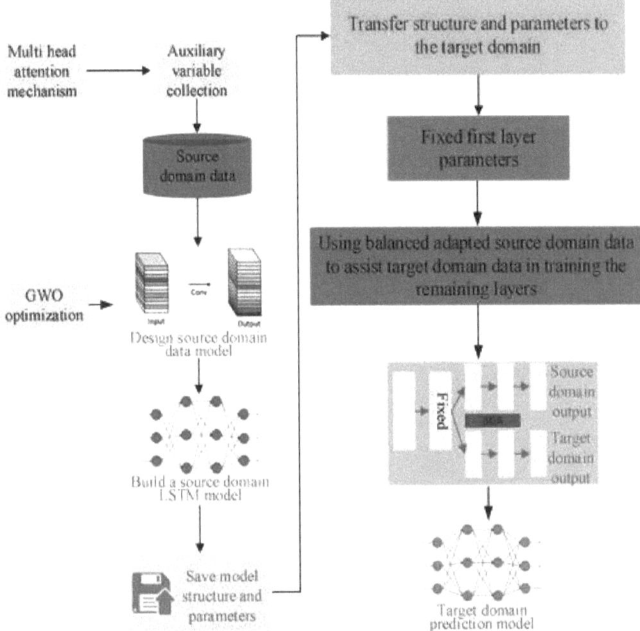

Fig.3.19 Diagrama de blocos de modelação do sensor suave baseado em ITL-GWO-MALSTM

(1) Em primeiro lugar, pré-processar os dados do domínio de origem, otimizar o modelo LSTM utilizando o mecanismo de atenção multi-cabeça e o algoritmo de otimização do lobo cinzento e, em seguida, construir a estrutura do modelo do domínio de origem para estabelecer o modelo GWO-MALSTM ideal.

(2) Transferir a estrutura e os parâmetros do modelo do domínio de origem para o modelo do domínio de destino, em que os parâmetros da primeira camada do modelo do domínio de origem são diretamente utilizados depois de fixados no modelo do domínio de destino.

(3) O método adaptativo de distribuição equilibrada é utilizado para adaptar a distribuição dos dados do domínio de origem e uma pequena quantidade de dados do domínio de destino que é difícil de prever em tempo real online. A matriz de transformação óptima obtida através do algoritmo BDA pode reduzir simultaneamente a adaptação da distribuição da probabilidade marginal e a adaptação da distribuição da probabilidade condicional entre os dois domínios.

(4) Utilizar dados do domínio de origem adaptados e com distribuição equilibrada para ajudar a treinar os restantes parâmetros da camada da rede com dados do domínio de destino e, em última análise, obter um modelo de previsão exato do domínio de destino.

3.5.2 Análise dos resultados da simulação

Este livro baseia-se em três condições de funcionamento do processo de fermentação *de Pichia Pastoris*, utilizando um ITL-GWO-MALSTM melhorado e um TL-LSTM tradicional para prever parâmetros bioquímicos chave, tais como a concentração bacteriana. A superioridade do método de modelação de sensores suaves proposto neste livro é verificada através de resultados de simulação que comparam o ITL-GWO-MALSTMt e o TL-LSTM.As Figuras 3.20-3.25 mostram os resultados e erros da concentração bacteriana prevista entre três condições de funcionamento diferentes. A Tabela 3.1 resume os indicadores de desempenho preditivo dos modelos de sensores suaves TL-LSTM e ITL-GWO-MALSTM durante o processo de fermentação de *Pichia Pastoris* em várias condições de funcionamento. A partir destas figuras e tabelas, pode ver-se diretamente que o método de modelação de sensores suaves proposto neste livro tem um excelente desempenho na previsão da concentração bacteriana da fermentação de *Pichia Pastoris* em múltiplas condições de funcionamento. Além disso, este método de sensor suave melhorou consideravelmente o coeficiente de determinação R2 do modelo e reduziu o RMSE em grande medida. Este resultado verifica efetivamente a eficácia e a viabilidade do método de modelação de sensores suaves proposto neste livro.

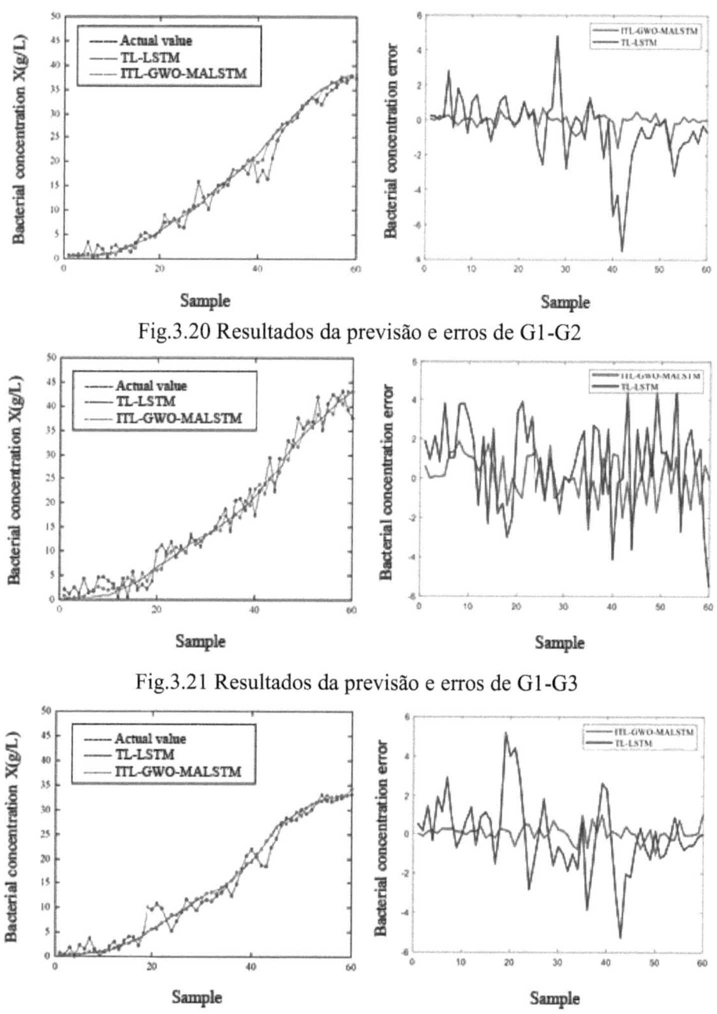

Fig.3.20 Resultados da previsão e erros de G1-G2

Fig.3.21 Resultados da previsão e erros de G1-G3

Fig.3.22 Resultados da previsão e erros de G2-G1

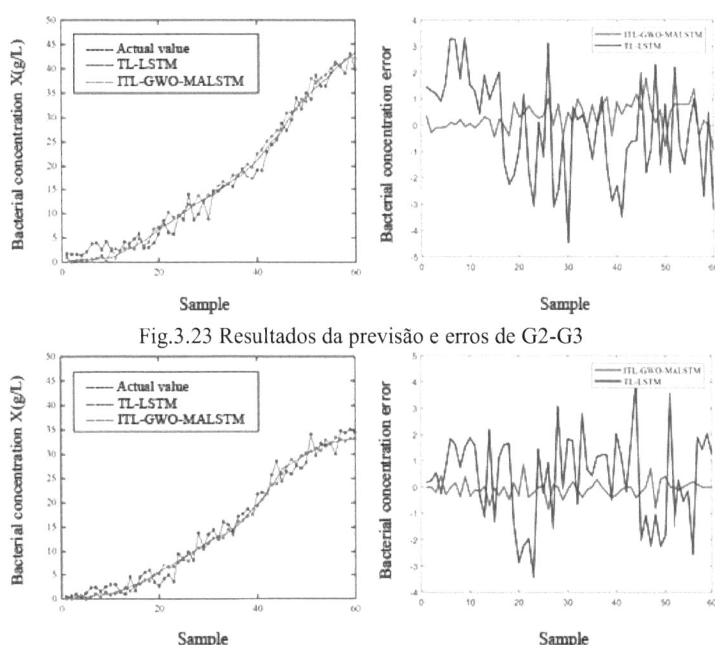

Fig.3.23 Resultados da previsão e erros de G2-G3

Fig.3.24 Resultados da previsão e erros de G3-G1

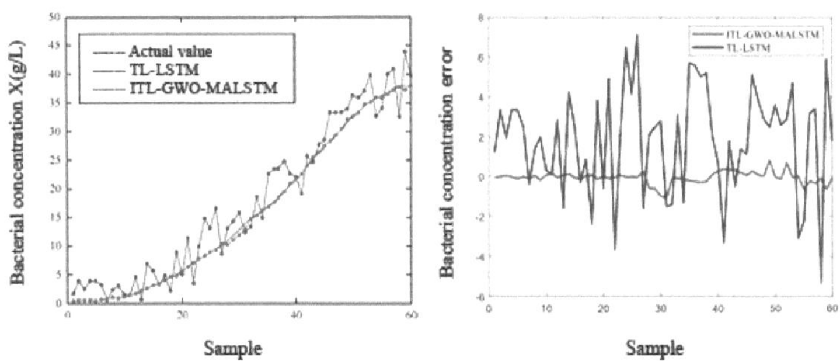

Fig.3.25 Resultados da previsão e erros de G3-G2

Tabela 3.1 Desempenho de previsão de diferentes modelos de sensores suaves

Estado de funcionamento situação migratória	ITL-GWO-MALSTM		TL-LSTM	
	R^2	RMSE	R^2	RMSE
G1-G2	0.9987	0.4632	0.9752	1.9399
G1-G3	0.9938	1.0697	0.9689	2.4257
G2-G1	0.9987	0.4174	0.9722	1.8649
G2-G3	0.9980	0.6206	0.9802	1.8778
G3-G1	0.9993	0.3154	0.9790	1.6990
G3-G2	0.9994	0.3191	0.9405	3.2734

Ao analisar as curvas de previsão da concentração bacteriana e os erros de diferentes modelos de sensores suaves em múltiplas condições de funcionamento no processo de fermentação de *Pichia Pastoris*, bem como a tabela do índice de desempenho da previsão, pode ver-se que o modelo LSTM optimizado pelo mecanismo de atenção multi-cabeça e pelo algoritmo de otimização do lobo cinzento pode atingir R2 acima de 0,9938 para diferentes condições de funcionamento do domínio-alvo após a aprendizagem por transferência com a otimização fixa dos parâmetros do modelo de camada comum. Isto indica que o método de modelação de sensores suaves ITL-GWO-MALSTM proposto neste livro pode ter um bom desempenho na previsão do parâmetro-chave concentração bacteriana de *Pichia Pastoris* em várias condições de funcionamento e poupar muito tempo de modelação.

3.6 Resumo do presente capítulo

Este capítulo analisa o problema da falha do modelo histórico causada pela diferença de distribuição entre os dados gerados pela *Pichia Pastoris* no processo de fermentação em várias condições e os dados históricos. A estratégia de aprendizagem por transferência é introduzida e, em seguida, o foco é o melhor desempenho do algoritmo adaptativo de distribuição equilibrada em comparação com o método de análise de componentes de transferência e o algoritmo adaptativo de distribuição conjunta na aprendizagem por transferência. Ao mesmo tempo, considerando o complexo processo de fermentação *da Pichia Pastoris*, que tem caraterísticas como a não linearidade, o forte acoplamento, o longo ciclo de fermentação e o grande volume de dados, as redes neuronais tradicionais apenas estabelecem diretamente uma relação de mapeamento entre os dados históricos de entrada e os dados previstos de saída, sem ter em conta a correlação temporal da sequência de dados. Por conseguinte, a rede neural LSTM é introduzida como método de modelação de base para a fermentação de *Pichia Pastoris*. Em comparação com outros modelos de redes neuronais, o método de modelação LSTM tem um melhor desempenho para o processo de fermentação *de Pichia Pastoris*, uma vez que apresenta uma forte capacidade de aprendizagem em dados de séries temporais e pode processar os dados de séries temporais do processo de fermentação *de Pichia Pastoris*. No entanto, no processo real de fermentação *de Pichia Pastoris* em condições múltiplas, as diferentes caraterísticas de entrada têm diferentes graus de impacto no resultado final e os parâmetros do LSTM são, na sua maioria, obtidos com base na experiência manual, o que tem problemas como o longo tempo de ajustamento do modelo e a fácil convergência local. Este livro utiliza o mecanismo de atenção multi-cabeça e o algoritmo de otimização do lobo cinzento para melhorar o LSTM. Ao mesmo tempo, tendo em conta que a extração de caraterísticas da rede neural LSTM no processo de aprendizagem por transferência se torna mais exclusiva à medida que as camadas superiores extraem mais informação, enquanto a informação nas primeiras camadas é mais geral e pode ser utilizada como uma camada comum, os parâmetros da primeira camada no LSTM são fixos e apenas os restantes parâmetros da camada têm de ser treinados por aprendizagem por transferência. As experiências de simulação demonstraram que o método de modelação baseado no ITL-GWO-MALSTM pode prever com precisão a concentração bacteriana em diferentes condições de funcionamento e reduzir significativamente o tempo de modelação. O método de modelação ITL-GWO-MALSTM proposto também pode fornecer orientações teóricas viáveis para a previsão da concentração bacteriana noutros processos de fermentação microbiana, optimizando assim todo o processo de fermentação.

Capítulo 4

Sistema de Monitorização Remota do Processo de Fermentação *de Pichia Pastoris*

4.1 Conceção do esquema do sistema de monitorização

A conceção de um sistema de monitorização remota adaptado especificamente ao complexo processo de fermentação *da Pichia Pastoris* é explorada neste livro, utilizando um cenário industrial do mundo real como exemplo fundamental. No centro deste sistema, o microcontrolador STM32F407ZGT6 é escolhido como a unidade de processamento principal para as tarefas de computação de nível inferior, devido às suas capacidades de desempenho robustas e à sua adequação a aplicações de monitorização em tempo real. Para melhorar a experiência do utilizador e facilitar a compreensão intuitiva da dinâmica da fermentação, foi concebida uma interface homem-máquina (HMI) abrangente e centrada no utilizador, utilizando a estrutura GTK. Esta HMI assegura uma visualização de dados sem falhas e promove a facilidade de operação, dando assim aos utilizadores uma visão global do processo de fermentação *da Pichia Pastoris* de uma forma altamente acessível e informativa. O mecanismo operacional do sistema de medição e controlo remoto para *Pichia Pastoris* envolve inicialmente a aquisição de diversas variáveis ambientais mensuráveis durante o seu processo de fermentação através de sensores de hardware padrão. Posteriormente, estes dados são transmitidos ao sistema informático de nível superior através do módulo de comunicação. O algoritmo ITL-GWO-MALSTM incorporado é utilizado para prever os valores em tempo real de parâmetros bioquímicos cruciais. Estes valores previstos são depois apresentados sob a forma de curvas na interface de interação homem-computador, facilitando a monitorização em tempo real.

Para atingir as funções acima referidas, a conceção do sistema de monitorização do processo de fermentação *da Pichia Pastoris* deve incluir os seguintes aspectos

(1) O sistema informático de nível inferior deve monitorizar continuamente a informação variável auxiliar relativa aos vários processos de fermentação *da Pichia Pastoris* em diversas condições de funcionamento. Estes dados devem ser classificados com precisão e registados em tempo real.

(2) Concluir o desenvolvimento do algoritmo do sensor suave ITL-GWO-MALSTM e integrá-lo no sistema informático de nível superior.

(3) Conceber uma interface homem-máquina simples e intuitiva para um sistema informático de nível superior que permita visualizar informações em tempo real sobre variáveis auxiliares e parâmetros bioquímicos críticos durante o processo de fermentação de *Pichia Pastoris*.

(4) Deve ser garantida uma ligação de comunicação robusta e sem latência entre os sistemas informáticos de nível superior e de nível inferior, assegurando uma transmissão de dados sem descontinuidades.

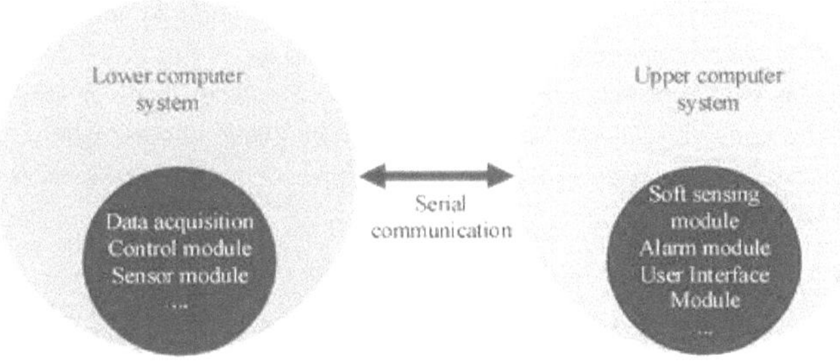

Fig.4.1 O quadro do sistema de monitorização

A Figura 4.1 ilustra a representação esquemática do sistema de monitorização remota utilizado durante o processo de fermentação *da Pichia Pastoris*. O computador de nível inferior funciona como pedra angular, tendo como principais tarefas a aquisição de dados, a regulação do estado operacional com base nos parâmetros monitorizados e a comunicação contínua com o computador de nível superior. A aquisição de dados constitui a fase inicial e crucial deste sistema de monitorização, uma vez que a sua falha tornaria todo o sistema disfuncional. Durante a fase de monitorização, o sistema permite ajustar em tempo real o estado de funcionamento dos equipamentos críticos, como os mecanismos de aquecimento e de mistura, de acordo com os parâmetros monitorizados. Além disso, o módulo de comunicação é fundamental para transmitir os dados recolhidos ao computador de nível superior e receber as instruções de controlo subsequentes, garantindo assim um quadro de monitorização coeso e eficiente.

O sistema informático de nível superior inclui componentes essenciais, tais como o módulo de algoritmo de medição de software, o módulo de análise de dados, o módulo de interface com o utilizador, o módulo de comunicação e o módulo de alarme. O módulo de algoritmo de sensor suave tem a mesma importância que o módulo de aquisição de dados , uma vez que as imprecisões neste módulo impedem a previsão exacta de parâmetros críticos durante o processo de fermentação *da Pichia Pastoris*. O módulo de análise de dados examina e processa meticulosamente os dados obtidos a partir do computador de nível inferior, oferecendo informações sobre o estado do processo de fermentação, antecipando potenciais deteriorações e propondo estratégias de otimização. O módulo de interface com o utilizador promove a facilidade de utilização, permitindo uma operação e monitorização perfeitas, com visualização em tempo real de parâmetros bioquímicos essenciais durante a fermentação. O módulo de comunicação do computador de nível superior reflecte a funcionalidade do seu homólogo no sistema de nível inferior, facilitando a transmissão de diretivas ao computador de nível inferior e a receção de dados em troca. Por último, o módulo de alarme funciona como uma sentinela vigilante, emitindo prontamente alertas em caso de condições anómalas durante a fermentação, exigindo uma intervenção imediata dos utilizadores.

4.2 Conceção de sistemas informáticos de nível inferior

O sistema de monitorização remota concebido neste livro baseia-se no microprocesso STM32F407ZGT6[74] . O sistema completo de monitorização e controlo é composto por um módulo de controlo digital, um módulo de transmissão de sinais, um módulo de análise de dados e um módulo de interface com o utilizador. O diagrama da estrutura de hardware do sistema de monitorização do processo de fermentação *da Pichia Pastoris* é apresentado na

Figura 4.2. A principal função do computador de nível inferior no sistema de monitorização *da Pichia Pastoris* é recolher dados em tempo real sobre variáveis ambientais que são facilmente medidas em várias condições de funcionamento da *Pichia Pastoris*. Em seguida, os dados recolhidos em tempo real são transmitidos ao computador de nível superior através de um módulo de comunicação em série, e o parâmetro-chave concentração bacteriana é previsto em tempo real em linha utilizando o algoritmo de sensor suave incorporado no computador de nível superior.

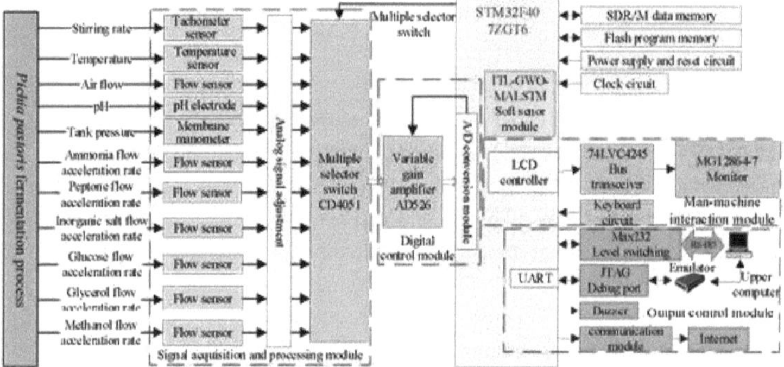

Fig. 4.2 Diagrama da estrutura geral do sistema de monitorização

4.2.1 Seleção do processador central

O processo de fermentação *da Pichia Pastoris* é complexo, caracterizado por uma elevada não linearidade, um forte acoplamento, grandes variações no tempo, várias fases e várias condições de trabalho. É necessário que o processador de hardware utilizado no sistema de monitorização remota seja capaz de dar respostas rápidas e precisas num curto período de tempo. Devido às vantagens do baixo custo, das pequenas dimensões, do baixo consumo de energia e da capacidade de satisfazer as necessidades de muitos sistemas de monitorização simples, os sistemas de monitorização tradicionais utilizam geralmente 51 microcontroladores como processadores. No entanto, a velocidade de processamento e o poder de computação dos 51 microcontroladores são limitados. A capacidade interna de RAM e ROM é pequena e os dados da porta E/S são limitados. Em comparação com processadores mais populares, como o ARM e o AVR, a curva de aprendizagem é mais elevada, o que não permite satisfazer as necessidades de processamento de grandes quantidades de dados e de computação em tempo real. O processo de fermentação *da Pichia Pastoris* gera uma grande quantidade de dados, pelo que não é adequado para sistemas de monitorização remota do processo de fermentação *da Pichia Pastoris*.

Com o desenvolvimento da tecnologia e a popularização dos computadores, os sistemas de monitorização modernos adoptam normalmente processadores mais potentes e estruturas flexíveis de software e hardware para melhorar o desempenho e a escalabilidade do sistema, tais como FPGAs (Field Programmable Gate Arrays), GPUs (Graphics Processing Units), processadores ARM, etc. Em resposta ao forte acoplamento, às grandes variações temporais, às várias fases e às várias condições de trabalho do processo de fermentação *da Pichia Pastoris*, bem como a outros factores como a interferência ambiental externa, este livro acaba por selecionar o microprocessador STM32F407ZGT6 com ARM como processador central para o sistema de medição e controlo remoto do processo de fermentação *da Pichia Pastoris*. O STM32F407ZGT6 é um microcontrolador de 32 bits de alto desempenho com interfaces periféricas ricas e capacidades de processamento poderosas. A sua configuração principal é a seguinte:

(1) Núcleo ARM Cortex-M4;

(2) 1MB de memória Flash e 192KB de SRAM;

(3) 2 temporizadores básicos, 10 temporizadores universais e 2 temporizadores avançados;

(4) 3 interfaces de comunicação SPI, 3 interfaces de comunicação IIC;

(5) 4 interfaces de comunicação USART e 2 interfaces de comunicação UART;

(6) 2 portas USB;

(7) 2 interfaces de comunicação IIS;

(8) 2 interfaces de bus CAN;

(9) 1 Interface de comunicação SDIO;

(10) 114 portas GPIO;

(11) 1 temporizador de sistema, 2 temporizadores watchdog.

O microprocessador STM32F407ZGT6 é amplamente utilizado na automação industrial, eletrónica de consumo, sistemas não tripulados, equipamento médico e outros campos devido ao seu elevado desempenho, grande capacidade de armazenamento, controlador DMA multicanal, relógio e quantificador ricos, baixo consumo de energia, interfaces periféricas ricas, desenvolvimento fácil e estabilidade madura. Este livro considera de forma abrangente as caraterísticas do processo de fermentação *de Pichia Pastoris* e a elevada relação custo-eficácia do STM32F407ZGT6, e escolhe o STM32F407ZGT6 como processador central do sistema de medição remota para o processo de fermentação *de Pichia Pastoris*.

4.2.2 Canal de aquisição de dados

De acordo com o processo de fermentação *da Pichia Pastoris*, existem muitos factores que podem afetar o processo de fermentação, entre os quais as variáveis ambientais facilmente mensuráveis desempenham um papel muito importante na previsão dos parâmetros-chave. Por conseguinte, é necessário registar em pormenor os dados das variáveis ambientais facilmente mensuráveis em diferentes condições de funcionamento. Este livro requer a utilização de diferentes sensores para a deteção e análise de diferentes variáveis ambientais:

(1) Sensor de temperatura

A temperatura é um fator importante que afecta o processo de fermentação *da Pichia Pastoris*. O mecanismo de fermentação *da Pichia Pastoris* é complexo, e a temperatura tem um impacto significativo no processo de fermentação. Mesmo pequenas alterações de temperatura podem afetar o mecanismo interno de fermentação. Por conseguinte, é necessário um instrumento de medição da temperatura com elevada precisão de medição. O sensor de temperatura normalmente utilizado em equipamentos de alta precisão é o sensor de temperatura LMT70. O LMT70 é um sensor de temperatura analógico ultra pequeno e de alta precisão que mede a temperatura emitindo sinais analógicos e recebendo-os através de um microcontrolador e efectuando a conversão AD. O sensor também vem com pinos de ativação de saída, que podem ser amplamente utilizados em vários dispositivos de alta precisão, incluindo instrumentos de alta precisão, termómetros médicos e equipamento alimentado por bateria. Quando a temperatura está dentro da faixa de 20 °C a 40 °C, o erro de medição é basicamente apenas ± 0,05 °C, e o máximo não é mais do que 0,13 °C. A temperatura ideal para a fermentação de *Pichia Pastoris* situa-se precisamente neste intervalo, pelo que a escolha deste termómetro para monitorizar o processo de fermentação *de Pichia Pastoris* tem boas perspectivas de aplicação. O diagrama esquemático do circuito do sensor de temperatura LMT70 é apresentado na figura 4.3.

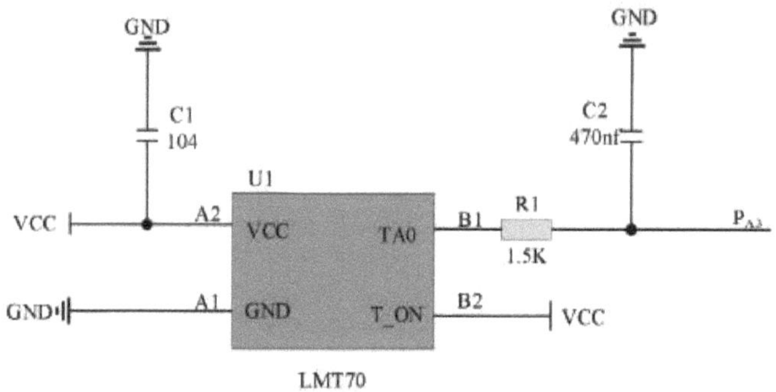

Fig.4.3 Diagrama esquemático do circuito do sensor de temperatura LMT70

(2) elétrodo de pH

O valor do pH e a temperatura durante o processo de fermentação *da Pichia Pastoris* também desempenham um papel muito importante no processo de fermentação. Com base nas alterações do valor do pH, é possível determinar em que fase se encontra o processo de fermentação *da Pichia Pastoris*. Este livro utiliza um sensor de pH de elétrodo de vidro para detetar o pH do caldo de fermentação de *Pichia Pastoris*. O sensor de pH do tipo elétrodo de vidro é um sensor baseado na diferença de potencial. É constituído por uma película de vidro, um líquido no interior do elétrodo e um elétrodo de referência. Quando o elétrodo de vidro é imerso numa solução, os iões de hidrogénio no interior do elétrodo de vidro sofrem uma reação de deslocamento com os iões de hidrogénio na solução, gerando uma diferença de potencial. O valor do pH da solução pode ser calculado com base na magnitude da diferença de potencial. O sensor de pH do tipo elétrodo de vidro tem as caraterísticas de elevada precisão, velocidade de resposta rápida e longa vida útil. É de notar que a solução deve ser misturada uniformemente antes do teste de pH e que a temperatura deve ser mantida constante durante os testes em alturas diferentes. Tendo em conta a complexidade do processo de fermentação *da Pichia Pastoris*, deve ser instalado um pré-amplificador quando o comprimento do cabo é superior a 20 centímetros; quando existe um forte campo eletromagnético no local de fermentação, devem ser utilizados cabos coaxiais com camadas protectoras ligadas à terra para a transmissão do sinal.

(3) Oxigénio dissolvido

O processo de fermentação *da Pichia Pastoris* requer o consumo de oxigénio, pelo que a deteção do oxigénio dissolvido durante o processo de fermentação pode determinar se a fermentação é normal. Os métodos de deteção do oxigénio dissolvido durante a fermentação microbiana incluem principalmente o método iodométrico, o método de extinção de fluorescência e o método eletroquímico. Tendo em conta o funcionamento complicado e o longo tempo de deteção do método químico do iodo, bem como os requisitos ambientais rigorosos e o elevado custo de produção dos sensores do método de extinção por fluorescência, este sistema escolhe o método eletroquímico para detetar o oxigénio dissolvido. O método eletroquímico pode não só detetar vestígios de oxigénio dissolvido, mas também tem uma longa duração, baixo custo e tempo de resposta rápido. Por conseguinte, o sensor eletroquímico de oxigénio dissolvido InPro6050 é aqui selecionado. Ao mesmo tempo, o sensor também adopta tecnologia de compensação de temperatura e função de calibração automática para melhorar a precisão da medição e a estabilidade a longo prazo. O sensor de oxigénio dissolvido InPro6050 utiliza o método do potencial redox do elétrodo de membrana para medir a concentração de oxigénio dissolvido. O exterior do sensor é constituído por um cátodo de óxido de prata e um ânodo de platina, com uma película de óxido de prata entre os dois eléctrodos. Quando o sensor é imerso em líquido, o oxigénio entra no sensor através da película de óxido de prata, sendo depois reduzido a iões de oxigénio no cátodo de óxido de prata. Estes iões de oxigénio passam através da película de óxido de prata e participam na reação no ânodo de platina, e a corrente gerada pela reação é proporcional à concentração de oxigénio dissolvido no líquido. Quando se utiliza o sensor de oxigénio dissolvido InPro6050, é necessário adicionar uma solução de eletrólito. A solução de eletrólito é uma solução mista de aniões e catiões, que pode melhorar a sensibilidade e a velocidade de resposta do sensor. Sob a ação da solução electrolítica, o oxigénio dissolvido no líquido entrará mais facilmente no sensor e será reduzido a iões de oxigénio no cátodo de óxido de prata. No entanto, estes sinais de corrente são demasiado pequenos para serem ligados a dispositivos de hardware como computadores, pelo que é necessário adicionar um amplificador de corrente entre eles.

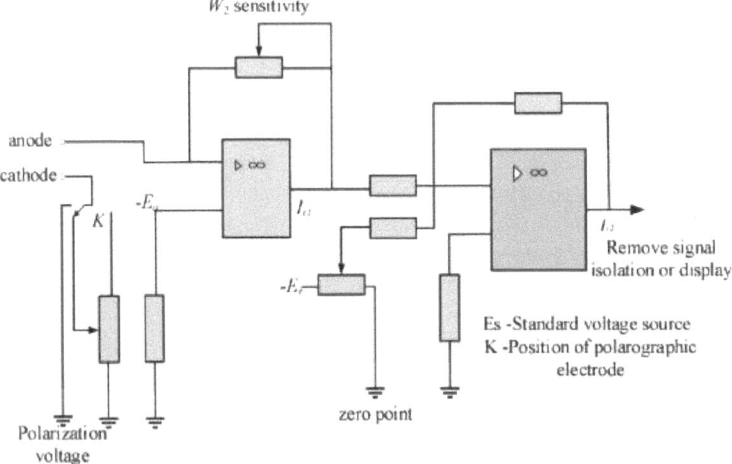

Fig.4.4 Diagrama esquemático do circuito básico da fase de entrada do instrumento de dissolução de oxigénio

(4) Sensor de deteção da pressão do depósito

Durante o processo de fermentação em condições múltiplas *da Pichia Pastoris*, a temperatura, a velocidade de agitação e outros factores podem ter um impacto na pressão do tanque, afectando assim o processo normal de fermentação das células bacterianas. Durante o processo de fermentação, são utilizados sensores de pressão para detetar a pressão do tanque. Os sensores de pressão baseiam-se nas caraterísticas das alterações da resistividade eléctrica dos materiais metálicos e semicondutores sob a ação de forças externas. O sensor de pressão piezoresistivo é constituído por um circuito em ponte, elementos elásticos, varistores, amplificadores e filtros. O elemento elástico é um componente-chave que converte a deformação sob a pressão medida num sinal elétrico. Geralmente, são utilizados como elementos elásticos uma folha metálica, uma película, uma mola, etc. Sob a pressão do tanque, o elemento elástico sofre deformação, e o grau de deformação é proporcional à magnitude da pressão. O elemento elástico é coberto com um material varistor, e o valor da resistência do material varistor muda com o grau de deformação. O material varistor está ligado ao circuito de ponte, que é composto por quatro resistências. Duas das resistências são resistências de valor fixo e as outras duas são varistores. Ligue um amplificador no meio do circuito em ponte. Quando a resistência do varistor muda, o circuito em ponte gera um pequeno sinal de tensão. Amplifique o sinal através de um amplificador, filtre-o e, finalmente, emita um sinal elétrico proporcional à pressão medida. Os sinais eléctricos podem ser visualizados, registados e analisados através da ligação a dispositivos de aquisição de dados ou ecrãs.

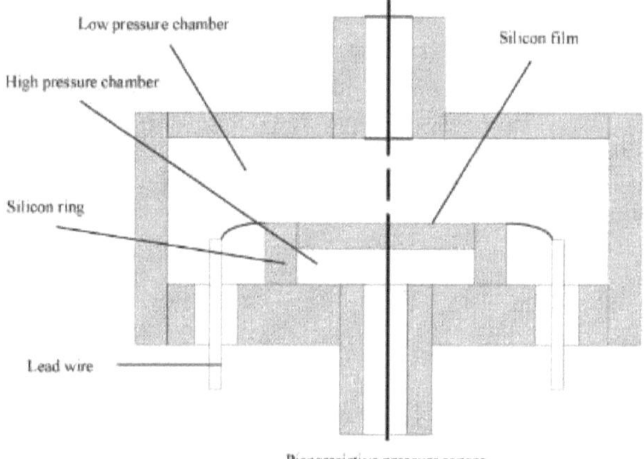

Fig.4.5 Diagrama da estrutura do sensor de pressão piezoresistivo

4.2.3 Canal da interface homem-máquina

Para facilitar aos operadores a visualização das alterações em tempo real do processo de fermentação *de Pichia Pastoris*, é necessária uma página clara de interação homem-máquina para o sistema de monitorização remota do processo de fermentação *de Pichia Pastoris*. Este livro utiliza o módulo de visualização LCD de matriz de pontos MG12864-7, que adopta um ecrã de matriz de pontos 128 * 64 e pode funcionar entre -20 °C e 70 °C. Tem um gerador de tensão de 10V e um inversor de luz de fundo EL que pode funcionar com uma fonte de alimentação de 5V. Pode ser utilizado para apresentar vários textos, gráficos, símbolos e outras informações. Este ecrã pertence à gama média de ecrãs, com elevada relação custo-eficácia, e é totalmente adequado para as informações práticas necessárias no processo de fermentação *da Pichia Pastoris*. O módulo de ecrã LCD de matriz de pontos MG12864-7 requer uma tensão de 5V para funcionar corretamente, mas a tensão da porta I/O do microprocessador STM32F407ZGT6 selecionado neste livro é de 3,3V. Por conseguinte, também é necessário um transcetor de barramento 74LVC4245 para converter o nível de 3,3V para o nível de 5V. Simultaneamente, é necessário conceber um teclado de matriz 3 * 3 para ligar ao módulo de visualização, tendo sido concebida uma interface completa de interação homem-computador.

A partir da figura, pode ver-se que um teclado de matriz 3 * 3 pode reduzir o número de pinos de E/S. Ao utilizar o método "row scan", são necessários apenas 6 fios de porta. As funções das teclas
no canal de interação homem-computador incluem as funções de arranque, reposição,
gravação de dados, pausa e outras.

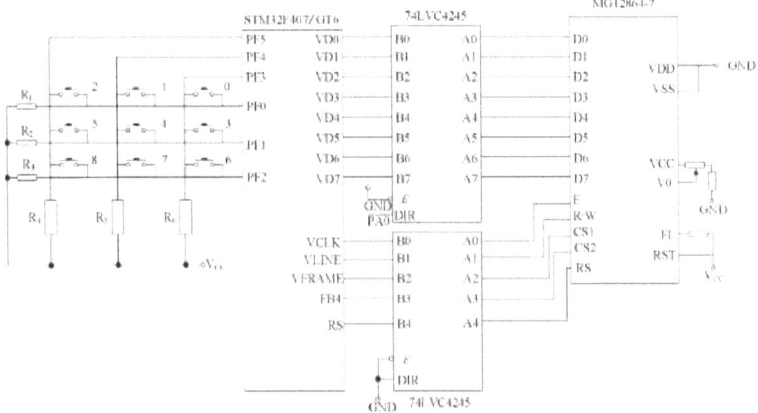

Fig.4.6 Diagrama esquemático do circuito de intersecção homem-máquina

4.2.4 Circuito de comunicação série

Para conseguir a transmissão de dados entre o computador de nível superior e o computador de nível inferior do sistema de monitorização, o RS485 é selecionado como o protocolo de comunicação para o sistema de monitorização remota neste livro. O protocolo de comunicação RS485 é um protocolo de comunicação em série[75-83] utilizado para a comunicação de dados entre vários dispositivos. É um protocolo de comunicação half duplex que permite a transmissão bidirecional de dados entre vários dispositivos. Este protocolo de comunicação pode suportar taxas de transmissão de dados de até 10 Mbps, com uma distância máxima de transmissão de 1200 metros, resistindo eficazmente a interferências electromagnéticas e a interferências de ruído. Para evitar a ocorrência de loops de ligação à terra, é selecionado o transcetor RS-485 isolado ADM2587E. Este transcetor não necessita de uma fonte de alimentação externa isolada e tem dois circuitos funcionais principais no seu interior: um circuito de ativação eficaz de alto nível e um circuito de desativação eficaz do recetor de alto nível, que podem isolar eficazmente o circuito de comunicação do circuito de controlo. O esquema do circuito é apresentado na Figura 4.7.

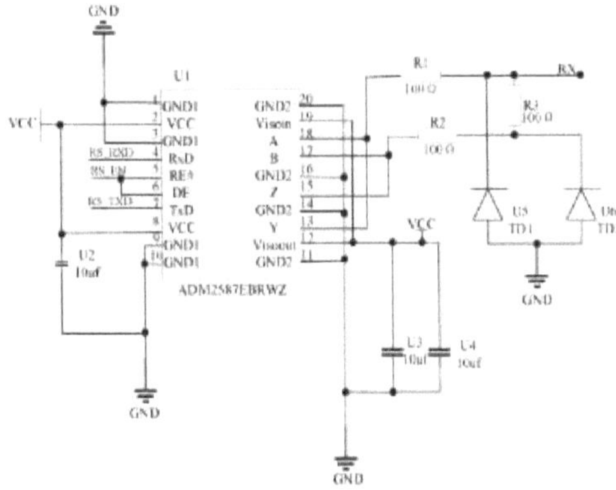

Fig.4.7 Circuito de comunicação em série

4.2.5 conceção de software de sistemas informáticos de nível inferior

Para realizar as funções correspondentes do sistema de monitorização remota do processo de fermentação *de Pichia Pastoris*, este livro transporta o sistema operativo incorporado ц C/OS-II para o processador ARM. As principais funções do sistema de monitorização remota do processo de fermentação *da Pichia Pastoris* incluem a inicialização do sistema, a leitura das teclas do teclado, o algoritmo ITL-GWO-MALSTM incorporado para a previsão exacta e em tempo real dos principais parâmetros bioquímicos em diferentes condições de fermentação e o sistema de comunicação para a transmissão de dados entre computadores de nível superior e inferior. Além disso, a função de conversão A/D no sistema de medição e controlo é implementada diretamente através do controlador do sistema para reduzir a complexidade do código. Durante o funcionamento do sistema, se ocorrer algum problema, o sistema recupera automaticamente e gera um relatório de falhas para alertar remotamente o dispositivo de comunicação do utilizador.

Ao executar multitarefas no sistema de medição e controlo, a prioridade da tarefa é determinada primeiro antes de a executar. E ao trabalhar em múltiplas condições de funcionamento durante o processo de fermentação *da Pichia Pastoris*, registar os dados de fermentação em cada condição de funcionamento separadamente e monitorizar se existem problemas em diferentes condições de funcionamento. Se houver problemas, classifique-os e comunique-os.

O diagrama de estrutura operacional do sistema de monitorização do processo de fermentação da *Pichia Pastoris* é apresentado na Figura 4.8.

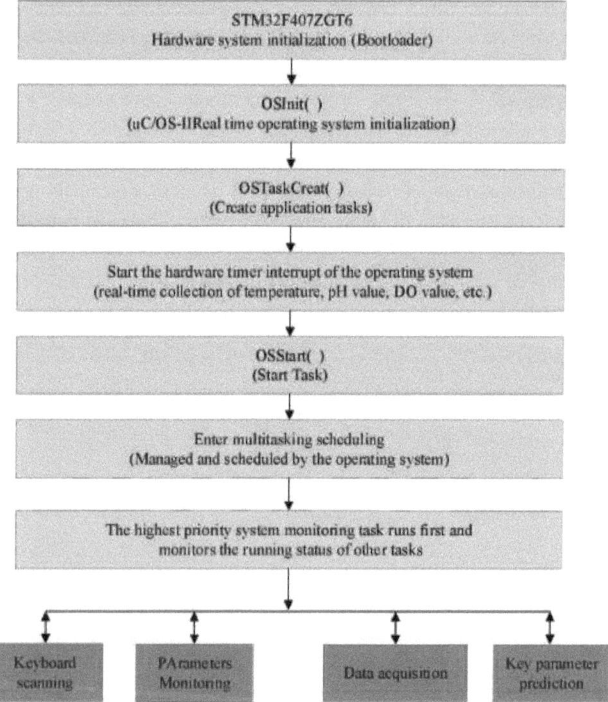

Fig.4.8 Fluxograma de funcionamento do sistema

4.3 Desenvolvimento de software informático de nível superior

A principal tarefa do software do computador de nível superior do sistema de medição e controlo remoto do processo de fermentação *de Pichia Pastoris* consiste em pré-processar os dados recebidos pelo computador de nível inferior de acordo com diferentes condições de trabalho, estabelecer um modelo de sensor suave utilizando condições de trabalho históricas e modelar as novas condições de trabalho através do algoritmo ITL-GWO-MALSTM para prever os parâmetros bioquímicos fundamentais no processo de fermentação *de Pichia Pastoris* em múltiplas condições de trabalho.

De acordo com o conceito de conceção acima referido, a conceção do software de computador de nível superior inclui principalmente a inicialização do sistema de monitorização, a construção de componentes COM e a conceção de uma interface de utilizador inteligente. A inicialização do sistema de monitorização inclui a definição dos parâmetros de inicialização para o algoritmo ITL-GWO-MALSTM proposto neste livro, bem como a geração automática de modelos de dados operacionais históricos, a inicialização de variáveis do ambiente de fermentação e a seleção de variáveis auxiliares. A intenção original de criar componentes COM é que, durante o funcionamento do sistema, o algoritmo ITL-GWO-MALSTM ocupará uma quantidade considerável de recursos do processador central, o que afectará a eficiência da monitorização do funcionamento do sistema. Por conseguinte, este livro integra o algoritmo ITL-GWO-MALSTM no sistema através de programação. A conceção inteligente da interface do utilizador facilita principalmente aos trabalhadores a visualização atempada das alterações dos parâmetros ambientais durante o processo de fermentação *da Pichia Pastoris* e, através da análise de dados, modela o processo de fermentação em diferentes condições de trabalho para prever os principais parâmetros bioquímicos. Foi também criado um sistema de alarme para ligação a telemóveis, a fim de alertar prontamente os trabalhadores em caso de problemas durante o processo de fermentação, evitando o fracasso da fermentação.

4.3.1 Inicialização do sistema

A configuração de inicialização do sistema de monitorização remota do processo de fermentação *da Pichia Pastoris* é o primeiro e mais importante passo na conceção do computador de nível superior do sistema de monitorização. O processo de configuração é o seguinte:

(1) Configuração do registo

Antes de realizar a produção de fermentação de *Pichia Pastoris*, o sistema precisa de ler primeiro as definições dos parâmetros que têm de ser selecionados durante o processo de fermentação, bem como alguns passos operacionais específicos que têm de ser executados, de modo a prever corretamente os parâmetros-chave.

Seleção das condições de funcionamento: Definir as condições de funcionamento iniciais e, quando os valores das variáveis do ambiente de fermentação são os mesmos, selecionar os dados históricos das condições de funcionamento do sistema a modelar; quando as variáveis ambientais são diferentes, selecionar uma nova condição de funcionamento.

Definições dos parâmetros do algoritmo de medição suave: Definir a estrutura de inicialização e os parâmetros do algoritmo ITL-GWO-MALSTM, bem como o número de unidades da camada oculta.

Variáveis do processo de análise offline: Definir o nome a ser previsto para amostragem offline, condições iniciais e medições de análise offline.

Adição e reabastecimento de caudal: Defina o nome de cada adição e reabastecimento de caudal da conduta, a taxa de aceleração do caudal inicial e a concentração do caudal inicial.

Armazenamento de dados: Definir o local de descarregamento da base de dados e o local de armazenamento para novos dados de amostragem e curvas de previsão de amostragem.

(2) Geração da biblioteca de formação de dados

O processo real de fermentação *da Pichia Pastoris* está sujeito a múltiplas condições de trabalho. Depois de detetar um novo lote de dados, o sistema de monitorização precisa primeiro de efetuar uma análise de dados para determinar se existem diferenças de distribuição entre o novo lote de dados e os dados históricos. Só desta forma é que os parâmetros-chave do processo de fermentação *da Pichia Pastoris* podem ser previstos com exatidão pelo sensor suave. Por conseguinte, é necessário guardar os dados completos do processo de fermentação de cada vez e criar uma base de dados. À medida que o processo de fermentação progride, os dados da base de dados melhoram gradualmente, assegurando que os modelos de sensores suaves estabelecidos sob diferentes condições de funcionamento se tornam mais exactos.

4.3.2 Construção de componentes COM

O Component Object Model (COM) é uma tecnologia de componentes orientada para objectos utilizada para conseguir a comunicação e a interação entre diferentes programas. Os componentes COM podem ser chamados por outros programas e podem também chamar componentes COM de outros programas para conseguir a transmissão de dados e a interação funcional entre programas[84] . No sistema informático de nível superior, os componentes COM são normalmente utilizados para estabelecer a comunicação com dispositivos externos. Por exemplo, a comunicação com dispositivos de série, incluindo o envio e a receção de dados, pode ser efectuada através de componentes COM. Os componentes COM podem também ser utilizados para interagir com outro software, por exemplo, para interagir com sistemas de bases de dados, armazenar e consultar dados e outras operações. A aplicação dos componentes COM nos sistemas informáticos de nível superior é muito extensa, o que pode permitir a comunicação e a interação funcional entre diferentes programas informáticos e melhorar a fiabilidade e a flexibilidade do sistema. Simultaneamente, o desenvolvimento e a utilização de componentes COM requerem também determinados conhecimentos técnicos e experiência, sendo necessária uma análise cuidadosa da conceção e da aplicação dos componentes para evitar problemas e erros. Dado que o algoritmo de sensor suave proposto ocupa uma grande quantidade de memória, este livro constrói o algoritmo de sensor suave ITL-GWO-MALSTM num componente COM, o que pode melhorar consideravelmente a velocidade de funcionamento do sistema e fornecer mais garantias para o funcionamento estável do sistema de monitorização.

A ferramenta Active Template Library (ATL) no software Microsoft Visual Studio2019 é aplicada neste livro para desenvolver componentes COM. As etapas específicas para criar componentes COM usando ATL são as seguintes:

(1) Criar projeto de engenharia ATL

Abrir o Microsoft Visual Studio2019, clicar em "Create New Project" e criar um novo projeto ATL. O processo de funcionamento é apresentado na figura:

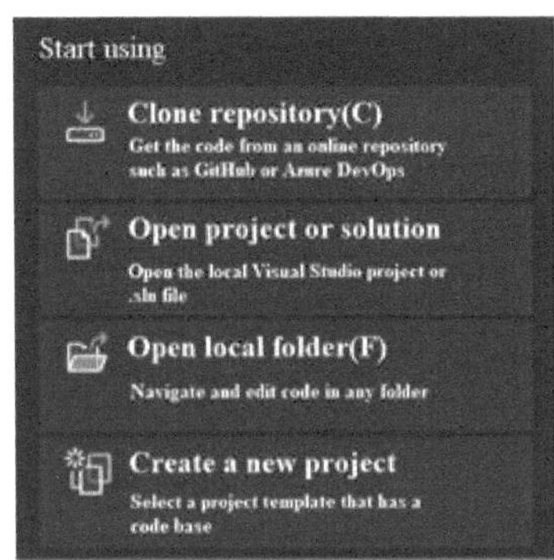

Start using
Clone repository(C)
Get the code from an online repository such as GitHub or Azure DevOps
Open project or solution
Open the local Visual Studio project or .sln file
Open local folder(F)
Navigate and edit code in any folder
Create a new project
Select a project template that has a code base

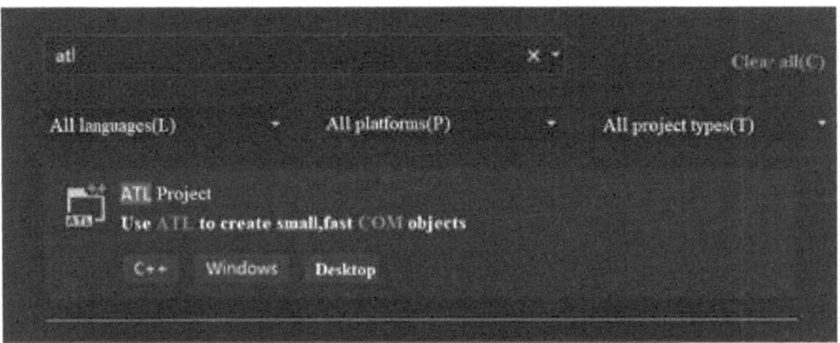

atl
Clear all(C)
All languages(L)
All platforms(P)
All project types(T)
ATL Project
Use ATL to create small,fast COM objects
C++
Windows
Desktop

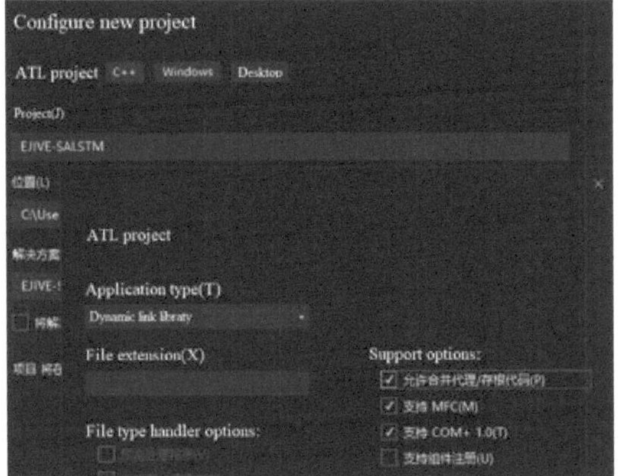

Configure new project
ATL project   C++   Windows   Desktop
Project(J)
EJIVE-SALSTM
位置(L)
C:\Use
解决方案
EJIVE-!
所解
项目 所在
ATL project
Application type(T)
Dynamic link libraty
File extension(X)
Support options:
允许合并代理/存根代码(P)
支持 MFC(M)
支持 COM+ 1.0(T)
支持组件注册(U)
File type handler options:

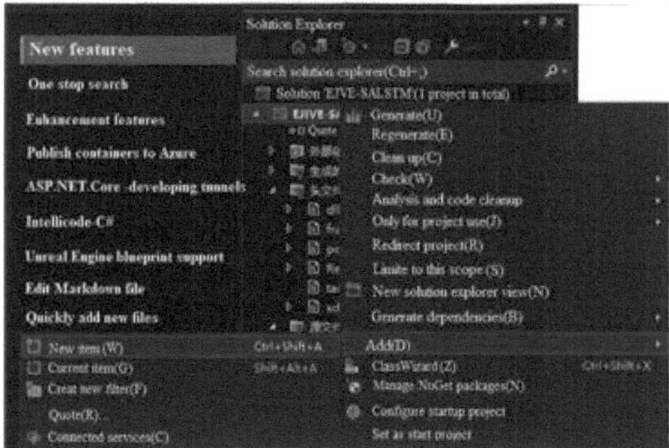

Fig.4.9 Criação do projeto ATL

(2) Adicionar uma classe de interface

Depois de criar o projeto ATL, clique com o botão direito do rato no projeto "ITL-GWO-MALSTM" e adicione um objeto simples "ATL" com o nome "ATLSimpleObject" e ProgID definido como "ITL-GWO-MALSTM. ATLSimpleObject". O tipo de ficheiro e outras definições são definidos por defeito, e o elétrodo completa as definições da classe de interface. Após a conclusão, CATLSimpleObject. h, ATLSimpleObject. cpp, e uma classe CATLSimpleObject serão automaticamente adicionados após o projeto ITL-GWO-MALSTM.

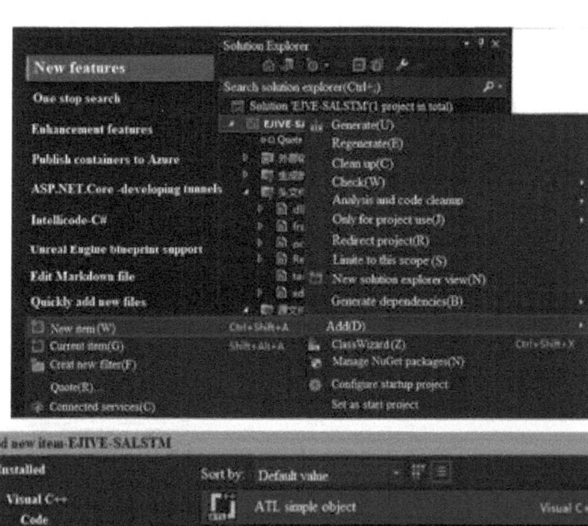

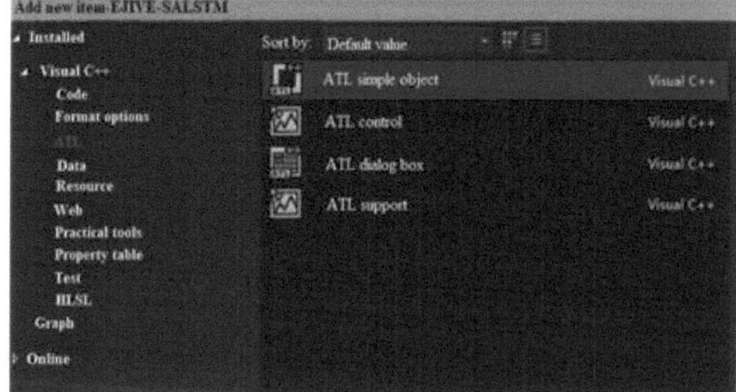

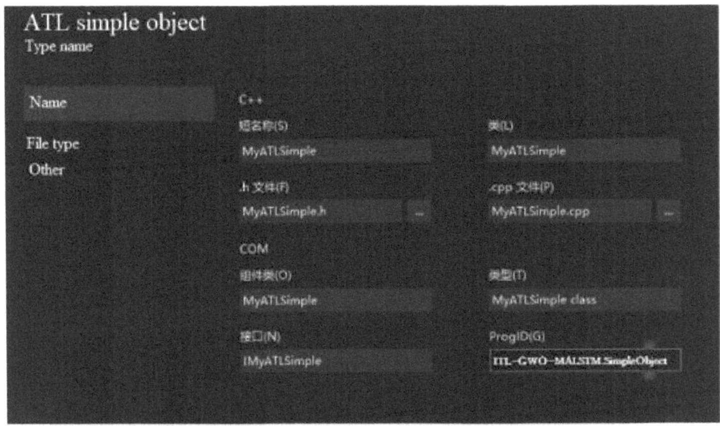

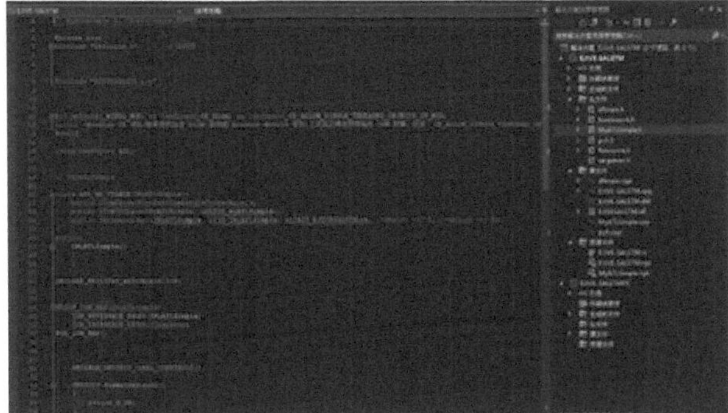

Fig.4.10 Processo de estabelecimento da classe de interface

(3) Adicionar função de interface

Depois de estabelecer a classe de interface, adicionar a função de interface ITL-GWO-MALSTM soft measurement algorithm à classe de interface "CATLSimpleObject". Mudar a vista para "Vista de classe", clicar com o botão direito do rato em "IATLSimpleObject" e clicar em "Adicionar método". Designar a função de interface "softsensormodel" e definir o tipo de retorno como "VNet". Depois de definir a função de interface, abrir "ATLSimpleObject. cpp" e escrever o código para o algoritmo de medição suave ITL-GWO-MALSTM na secção "Adicionar código de implementação aqui" para completar a função de interface COM.

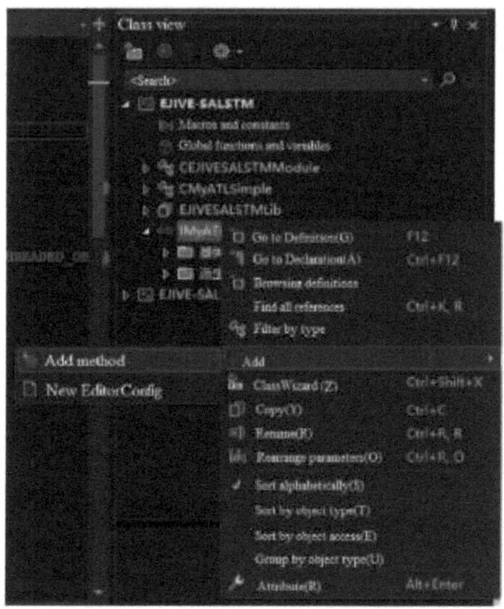

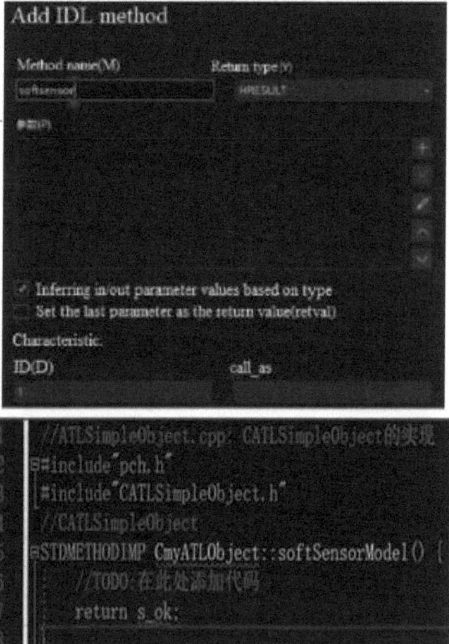

Fig.4.11 Adicionar função de interface

(4) Compilar e gerar componentes COM

Após a conclusão das etapas de criação de um projeto de engenharia ATL, adição de uma classe de interface e adição de funções de interface, todas as operações de conteúdo e definições do componente COM são concluídas. Em seguida, o componente COM gerado pode ser compilado. Selecionar "Generate x 64 Component" e premir a tecla de atalho Ctrl+B para compilar e gerar o componente

DLL. O componente COM gerado é apresentado na figura. ITL-GWO-MALSTM é a ontologia do componente COM, enquanto os restantes ficheiros são necessários para chamadas posteriores.

Fig.4.12 Lista de componentes COM

4.3.3 Interação homem-computador Página

O sistema de monitorização remota para o processo de fermentação *de Pichia Pastoris* em várias condições apresenta os dados das variáveis auxiliares recolhidos pelo computador de nível inferior em tempo real no computador de nível superior e apresenta os dados em tempo real do parâmetro-chave concentração bacteriana no ecrã de interação homem-máquina através do algoritmo de sensor suave ITL-GWO-MALSTM. O GTK (GIMP Toolkit) é uma ferramenta de interface de utilizador multiplataforma que oferece muitas opções de personalização, permitindo aos programadores criar interfaces de utilizador personalizadas e escolher livremente cores, tipos de letra, esquemas e muito mais. Além disso, suporta várias linguagens de programação, como C, C++, Python, etc., que podem ser utilizadas para desenvolver aplicações em plataformas como o Linux e o Windows. Devido à sua flexibilidade, capacidade de personalização, ferramentas de desenho, suporte multiplataforma e vantagens de código aberto, tem uma vasta gama de aplicações no desenho de páginas. Para facilitar a visualização clara, completa e fácil de todo o processo de fermentação pelo pessoal, este livro requer a utilização do GTK para conceber uma página de interação homem-computador totalmente funcional e de fácil utilização. As páginas de operação concebidas neste livro incluem a interface de login do utilizador, a interface principal do sistema, a interface de entrada do estado inicial da fermentação, a interface de operação de dados e a interface de previsão em tempo real dos principais parâmetros bioquímicos.

(1) Interface de início de sessão do utilizador

A interface de início de sessão do utilizador é apresentada na figura. A fim de garantir a segurança dos dados, o primeiro passo é introduzir o nome de utilizador e a palavra-passe do pessoal antes de entrar no sistema. Quando o erro de introdução atinge 5 vezes, entra-se na página de bloqueio e é necessário um certo tempo para voltar a verificar. Se o erro de introdução voltar a ocorrer 10 vezes, será imediatamente enviado um relatório de alarme ao pessoal de gestão para garantir a segurança. Para evitar que os operadores se esqueçam das suas palavras-passe e exigir que os utilizadores definam perguntas de segurança, bem como exigir que os utilizadores respondam às perguntas de segurança corretas quando recuperam as suas palavras-passe, para garantir a autenticidade da identidade do utilizador. Ao iniciar a sessão, fornecer aos utilizadores o histórico de início de sessão, incluindo a hora de início de sessão, o endereço IP, as informações do dispositivo, etc., para lembrar aos utilizadores que devem estar atentos a registos de início de sessão desconhecidos. É adotada tecnologia de gestão de sessões, como o encerramento automático da sessão por limite de tempo, o encerramento ativo da sessão, etc., para evitar que os utilizadores se esqueçam de encerrar a sessão das suas contas em locais públicos ou para evitar que outras pessoas acedam às suas contas através de sessões abertas.

Fig.4.13 Interface de início de sessão do utilizador

(2) Interface principal do sistema

Quando o nome de utilizador e a palavra-passe forem introduzidos corretamente, entrar na página principal do sistema. Como mostra a figura, as funções da página principal incluem a gestão do início de sessão, as definições do sistema, as definições dos parâmetros, a medição, a análise, as curvas históricas, o controlo do reabastecimento de material, os registos de alarme e as funções de ajuda. Ao mesmo tempo, é definida uma janela de tempo para facilitar o registo de dados em tempo real.

Fig.4.14 Diagrama da interface principal do sistema

(3) Interface de entrada do estado inicial da fermentação

A fim de garantir que o processo de fermentação *da Pichia Pastoris* decorre em condições ambientais óptimas, é necessário definir valores iniciais para os parâmetros durante o processo de fermentação antes da fermentação, incluindo as condições de funcionamento actuais, o número de lotes de tanques de fermentação, o número de tanques de sementes, a concentração bacteriana, o calor de fermentação, o período de amostragem, etc.

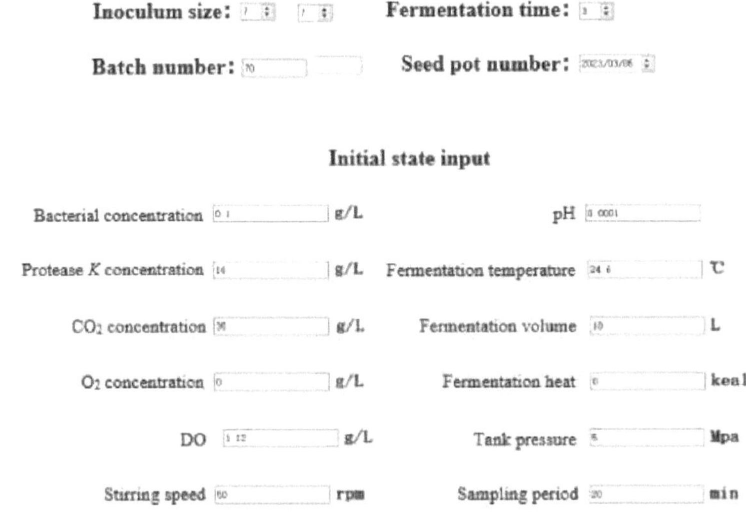

Fig.4.15 Interface de entrada para o estado inicial da fermentação

(4) Interface de operação de dados

75

Depois de clicar no botão de medição para iniciar a fermentação de *Pichia Pastoris*, alguns dos dados gerados podem ter problemas de ruído e redundância de dados. Por conseguinte, antes de efetuar previsões de modelos, estes dados têm de ser processados, incluindo o cálculo da correlação, a normalização dos dados, a filtragem dos dados e a exclusão dos dados. Utilizando o método de informação mútua do vizinho mais próximo K para obter variáveis auxiliares; o método Z-Score elimina dados significativamente anómalos; o método do filtro de Kalman suprime interferências como o ruído.

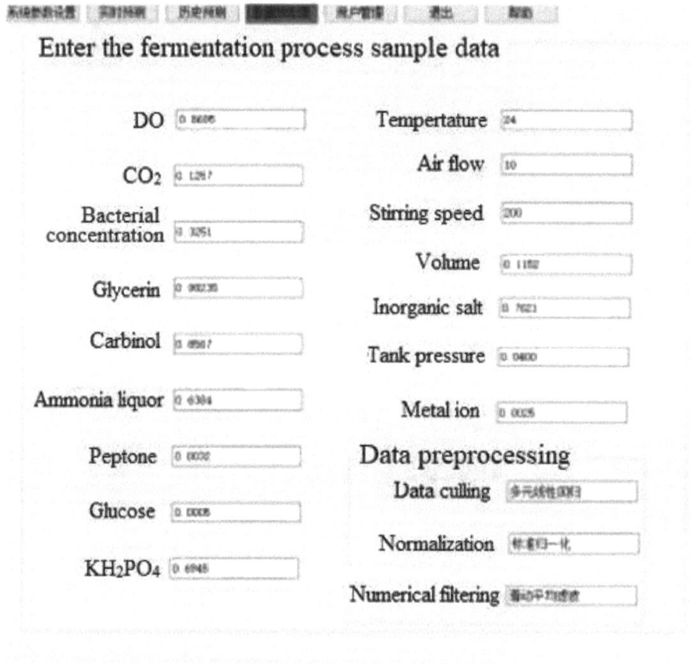

Fig.4.16 Interface de operação de dados

(5) Interface de previsão em tempo real para os principais parâmetros bioquímicos

A previsão em tempo real dos principais parâmetros bioquímicos é o objetivo central da investigação deste livro. A partir da figura, pode ver-se que o sistema utiliza o método de informação mútua do vizinho mais próximo (K-nearest neighbor) para selecionar o DO, a taxa de aceleração do fluxo de glicerol, a taxa de aceleração do fluxo de metanol, a temperatura de fermentação, o pH, a velocidade e outras variáveis auxiliares importantes que estão relacionadas com os parâmetros bioquímicos fundamentais. O computador de nível inferior recolhe automaticamente estes dados e transmite-os ao computador de nível superior. O algoritmo de sensor suave concebido neste livro é utilizado para prever parâmetros-chave em tempo real para diferentes condições de trabalho, como se mostra na figura.

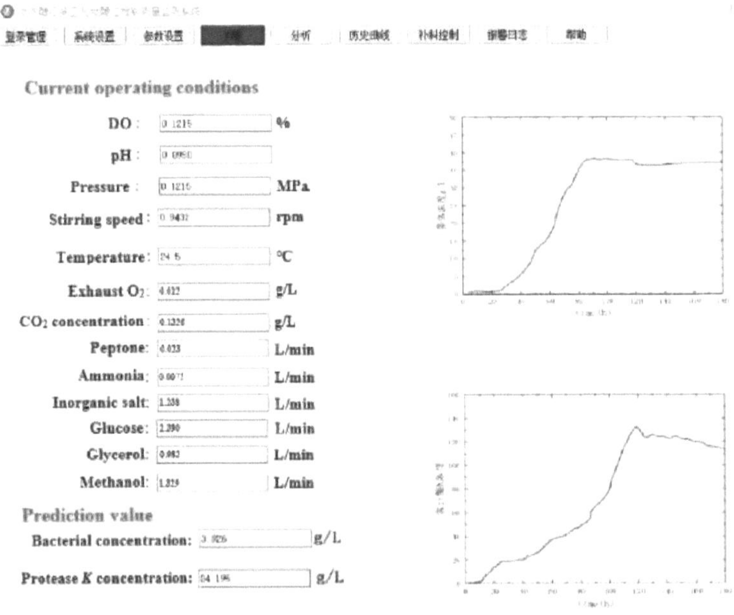

Fig.4.17 Interface de previsão em tempo real para os principais parâmetros bioquímicos

4.4 Resumo do presente capítulo

Este capítulo concebe um sistema de monitorização remota baseado no processo de fermentação *da Pichia Pastoris*, introduz o esquema geral do sistema de monitorização e, em seguida, descreve o computador de nível inferior em pormenor, de acordo com a ordem do projeto, incluindo a seleção do STM32F407ZGT6 como processador central do computador de nível inferior e a introdução de princípios de hardware e deteção, tais como canais de aquisição de dados, unidades de interação homem-computador, circuitos de comunicação em série, etc. Em seguida, foi discutida e debatida a inicialização do sistema funcional principal do computador de nível superior, a construção de componentes COM e a página de interação homem-computador. Após estas concepções, as curvas de previsão dos parâmetros-chave do processo de fermentação em várias condições da *Pichia Pastoris* foram finalmente apresentadas em pormenor na interface completa concebida pelo GTK. A partir destas concepções, pode ver-se que o sistema de monitorização concebido neste livro tem funções completas, uma elevada relação custo-eficácia e pode ser amplamente promovido em aplicações práticas.

Capítulo 5

Conclusão e direcções futuras

5.1 Conclusão

A Pichia Pastoris é amplamente utilizada em domínios como as proteínas farmacêuticas, a biotecnologia e as preparações enzimáticas industriais, e tem um elevado valor de investigação. A fim de melhorar o rendimento e a qualidade da expressão de proteínas exógenas em *Pichia Pastoris*, é necessário monitorizar constantemente a concentração bacteriana. Por conseguinte, a concentração bacteriana é um valor variável-chave muito importante, mas atualmente faltam sensores economicamente eficazes para a monitorização em tempo real dos valores da concentração bacteriana, e o processo de produção industrial de *Pichia Pastoris* é propenso a falhas do modelo devido a alterações nas múltiplas condições de funcionamento. Assim, este livro propõe um método de modelação de sensores suaves multi-condições baseado em ITL-GWO-MALSTM para prever a concentração bacteriana durante a fermentação de *Pichia Pastoris* online. A fim de promover a utilização do método de modelação de sensores suaves proposto neste livro e melhorar o nível de automatização do processo de fermentação *de Pichia Pastoris*, foi desenvolvido um sistema de monitorização remota para a fermentação de *Pichia Pastoris* para monitorizar várias informações de estado em tempo real, maximizando assim o rendimento e a qualidade da proteína alvo. Estas medições previram eficazmente a concentração bacteriana e a monitorização em linha da *Pichia Pastoris* em várias condições de fermentação.

O conteúdo específico do trabalho de todo o texto é o seguinte:

(1) Experiência de fermentação e análise do processo de *Pichia Pastoris*. Em primeiro lugar, com base nas caraterísticas do sistema de expressão *da Pichia Pastoris*, foi selecionada a estirpe *Pichia Pastoris* GS115 para induzir a expressão da protease K. Em seguida, foi analisado o processo de fermentação *da Pichia Pastoris* e foi explicada uma série de operações necessárias durante o processo de fermentação para garantir uma fermentação sem problemas. Posteriormente, foram analisados os factores ambientais que afectam o processo de fermentação. Finalmente, considerando que as condições de trabalho podem mudar durante o processo de fermentação industrial real *da Pichia Pastoris*, foram criadas artificialmente três condições ambientais diferentes no laboratório para experiências de fermentação.

(2) Construir um modelo de sensor suave multi-condição para o processo de fermentação de *Pichia Pastoris*. Em primeiro lugar, é introduzido um modelo LSTM que pode prever bem dados de séries temporais. No entanto, os modelos LSTM tradicionais têm alguns problemas. As redes neurais LSTM tradicionais partilham pesos entre diferentes caraterísticas de entrada, o que significa que cada caraterística de entrada tem o mesmo impacto nos principais parâmetros bioquímicos previstos pela LSTM. Além disso, a maior parte dos parâmetros-chave das LSTM são obtidos com base na experiência manual, o que conduz a problemas como o longo tempo de ajustamento dos parâmetros e a fácil convergência local. Por conseguinte, o mecanismo de atenção multi-cabeça e o algoritmo de otimização do lobo cinzento são utilizados para melhorar esta situação. Para resolver o problema das grandes diferenças na distribuição de dados causadas por diferentes condições de trabalho, o que leva ao fracasso dos modelos de sensores suaves, este livro introduz a aprendizagem por transferência. A razão para a diferença na distribuição entre os dados do domínio de origem e os dados do domínio de destino é o desequilíbrio entre a distribuição de probabilidade de

borda e a probabilidade condicional. Por conseguinte, considera-se necessário reduzir simultaneamente a distribuição da probabilidade de borda e a adaptação da probabilidade condicional das distribuições de dados do domínio de origem e do domínio de destino para ser eficaz. Por conseguinte, no método de adaptação da distribuição de dados, optou-se por uma adaptação equilibrada da distribuição. No entanto, é de notar que os valores da adaptação da distribuição de equilíbrio não são os mesmos, mesmo quando se migra entre diferentes condições de funcionamento. Neste caso, o fator de equilíbrio é utilizado para aproximar a distância A global e local dos dados dos dois domínios separadamente (Equação 3.26). Considerando que a aprendizagem por transferência tradicional tem como objetivo todo o modelo, os parâmetros da primeira camada do LSTM são fixados antes da migração neste livro. Através de uma análise comparativa de simulação com diferentes camadas fixas, verifica-se que a primeira camada fixa não só reduz significativamente o tempo de modelação, como também tem uma maior precisão de previsão em comparação com a aprendizagem por transferência tradicional. Os resultados finais da simulação demonstram que o modelo de sensor suave estabelecido pelo método proposto neste livro pode ser aplicado a diferentes condições de trabalho com elevada precisão e pequenos erros.

(3) Conceber um sistema de monitorização remota para o processo de fermentação *de Pichia Pastoris*. Todo o sistema de monitorização está dividido em computador de nível superior e computador de nível inferior, de acordo com as funções. No computador de nível inferior, são selecionados sensores adequados para recolher dados em várias condições de trabalho e, após conversão AD, os dados são carregados no computador de nível superior. O algoritmo ITL-GWO-MALSTM é utilizado no computador de nível superior para prever a concentração bacteriana em tempo real e a curva dinâmica é apresentada na página de interação homem-computador, o que facilita aos operadores a compreensão e otimização atempadas do processo de fermentação *da Pichia Pastoris*.

5.2 Direcções de investigação futuras

Este livro centra-se no processo de produção industrial real de *Pichia Pastoris* em diferentes condições de fermentação e propõe uma abordagem de aprendizagem por transferência para resolver este problema com base numa compreensão profunda do fluxo de trabalho do processo de fermentação. Em comparação com os modelos de previsão tradicionais, este modelo é mais adequado para processos de produção industrial do mundo real. Além disso, foi concebido um sistema de monitorização remota em tempo real para apoiar esta abordagem. No entanto, devido a várias limitações, tais como energia pessoal, recursos e restrições financeiras no livro, que incluem principalmente os seguintes aspectos..: (1) O modelo de sensor suave estabelecido neste livro é baseado em modelagem orientada a dados, que requer uma grande quantidade de dados para estabelecer. Por conseguinte, quando faltam dados, o método pode tornar-se ineficaz. Por conseguinte, é necessário estar familiarizado com o mecanismo interno do processo de fermentação e combinar a análise de dados com a análise do mecanismo interno. Esta abordagem pode não só reduzir ainda mais o tempo de modelação, como também melhorar a precisão do modelo de sensor suave. No futuro, será efectuada mais investigação.

(2) Este livro centra-se apenas na modelação dos parâmetros-chave do processo de fermentação, sem aprofundar a investigação em tópicos como a comutação de modelos, o controlo da alimentação e o controlo preditivo de modelos, que são também aspectos cruciais do processo de fermentação. Como resultado, não fornece uma base teórica completa. Por

conseguinte, é necessária mais investigação para desenvolver uma compreensão abrangente de todo o processo de fermentação.

(3) O método proposto neste livro provou ter um bom desempenho de previsão através de experiências de simulação e pode resolver o problema da falha do modelo em diferentes condições de trabalho no laboratório. No entanto, nos processos de produção industrial em grande escala, existem mais dados de fermentação e diferentes condições de trabalho, o que pode causar algumas alterações súbitas. O modelo proposto neste livro ainda se encontra na fase teórica. Quando é aplicado em processos de produção práticos, é necessária mais investigação.

Referência

[1] Kalinina A N, Borshchevskaya L N, Gordeeva T L, et al. Comparação sineoky de xilanases de várias origens obtidas no sistema de expressão de *Pichia Pastoris*: expressão gênica, caraterísticas bioquímicas e potencial biotecnológico [J]. Bioquímica e Microbiologia Aplicada, 2019, 55(6):733-740.

[2] Zhang W S, Zhou J L, Gu Q Y, et al. Expressão heteróloga de quitosanase GH5 em *Pichia Pastoris* e atividade biológica antioxidante do seu hidrolisado de quitooligossacarídeo[J]. Jornal de Biotecnologia, 2022, 348:55-63.

[3] Zhang X R, Ling Y, Yang Y. Estratégia de nível molecular para alta expressão de proteína estranha em *Pichia Pastoris* [J]. Indústrias de Alimentos e Fermentação, 2022, 48 (17): 321-328.

[4] Zhou C W. Estudo sobre péptidos de sinalização que guiam eficazmente a secreção de proteínas exógenas em *Pichia Pastoris*[D].Fuzhou:Fujian Normal University,2021.

[5] Zhao Q Q, Zhang X H, Liu F. Otimização de códons e fermentação de alto nível do fator de tecido humano em *Pichia Pastoris* [J]. Biotecnologia Farmacêutica, 2021, 28 (01): 1-5.

[6] Wang N, Yang C F, Peng H K, et al.A N-glicosilação no pró-peptídeo melhorou a termoestabilidade da procimosina de camelo e aumentou a sua secreção em *Pichia Pastoris*[J].Journal of Agricultural Science and Technology,2022,24(10):71-78.

[7] Liu R Z, Zhao B, Zhang Y, et al. Expressão de alto nível, purificação e caraterização enzimática do plasminogénio humano truncado (Lys531-Asn791) na levedura metilotrófica *Pichia Pastoris* [J]. BMC Biotecnologia, 2015, 15:50.

[8] Cheng W J. Digestão anaeróbia de resíduos de *Pichia Pastoris* em conjunto com produções melhoradas/limpas de ácido butírico e butanol [D]. Wuxin: Universidade de Jiangnan, 2022.

[9] Zhou W J, Wu F M, Yao D S, et al. Produção de fator de crescimento endotelial vascular humano recombinante de elevada pureza (rhVEGF165) por *Pichia Pastoris*[J].Chinese Journal of Biotechnology,2021,37(11):4083-4094.

[10]Shao Y R.Investigação sobre a transformação de engenharia metabólica de *Pichia Pastoris* para uma elevada produção de hemoglobina de soja[D].Hangzhou: Universidade de Zhejinag,2023.

[11]Hori K, Okano S, Sato F. Produção microbiana eficiente de estilopina usando um sistema de expressão *de Pichia Pastoris* [J]. Scientific Reports, 2016, 6(1):22201.

[12]Wang Y, Liu X Y, Min Y, et al.Estudo sobre a mutação da proteinase K e suas propriedades[J].Hubei Agricultural Sciences,2021,60(24):105-107.

[13]Chen M, Chen L W, Li H, et al.Aplicação da protease K na remoção enzimática do couro bovino[J].Leather Science and Engineering,2020,30(05):44-48.

[14]Liu Y L, Wu X F, Hu S Y, et al. Propriedades da proteinase K e sua aplicação na extração de ácido nucleico [J]. Pesquisa e desenvolvimento de alimentos, 2017, 38 (10): 196-199.

[15]Zhu H Q, Wang X Y, Wang B. Modelagem de sensor macio multi-modelo e design de sistema de monitoramento online de variáveis-chave no processo de fermentação de lisina [J]. Jornal da Universidade de Jiangsu (Edição de Ciências Naturais), 2021, 42 (06): 694-701.

[16]Zhang Z B. Modelagem de sensor suave multi-condição de aprendizagem por transferência com base na adaptação de domínio [D]. Taiyuan: Universidade de Tecnologia de Taiyuan, 2021.

[17]Tan B, Song Y Q, Zhong E H, et al. Aprendizagem por transferência transitiva[C]. In: Anais da 21ª Conferência Internacional ACM SIGKKD sobre Descoberta de Conhecimento e Mineração de Dados. Uni Technol Sydney, Austrália, 2015:1155-1164.

[18]Lu Q, He C, Chen J, Tian M, et al. Um modelo de classificação multi-rótulo com aprendizagem por transferência em duas fases [J]. 2021,7(4):1-14.

[19]Huang L, Zeng Q S.Adaptação da distribuição equilibrada e algoritmo de aprendizagem por transferência baseado em instâncias[J].Journal of Zhengzhou University(Natural Science Edition), 2020, 52(03):55-61.

[20]Jia B B, Kang M C.Conceção do software do computador anfitrião de transferência de ficheiros do sistema incorporado com base no QT[J].Electronic Design Engineering,2022,30(03):122-125+130.

[21]Wang Y X, Tang Z L.Conceção e aplicação de um sistema de monitorização em linha da humidade do solo de alta precisão [J].South China Agriculture, 2022,16(15):179-183+188.

[22]Xiao W B, Ling P P. Conceção de um sistema de monitorização em linha para o nível de pH de um tanque de fermentação em estado sólido [J]. Tecnologias de Transdutores e Microssistemas), 2021,40(03):109-111.

[23]Dong Y L, Xu J, Liu T. Projeto de sistema de monitoramento on-line para gás residual na fermentação de acetona-butanol-etanol [J]. Tecnologia Experimental e Gestão, 2017, 34 (04): 99-104.

[24]Yin M M, Lou J R. A expressão de partículas semelhantes ao vírus da doença hemorrágica do coelho em *Pichia Pastoris* e seu estudo de imunogenicidade [J]. Jornal Chinês de Medicina Veterinária Preventiva, 2019, 41 (03): 300-304.

[25]Neshani A, Tanhaeian A, Zare H, et al. Preparação e avaliação de um novo candidato a solução biopesticida para o controlo de doenças de plantas utilizando o gene pexiganan e o sistema de expressão *Pichia Pastoris* [J]. Gene Reports, 2019,17:100509.

[26]Kuruti K, Vittaladevaram V, Urity S V, et al. Evolução de *Pichia Pastoris* como um organismo modelo para a produção de vacinas na indústria da saúde [J]. Gene Reports, 2020,21:100937.

[27]Zan J Q, Cao D, Zhang Y Q, et al.Estudo sobre o processo de fermentação em lote de Pasteur *Pichia Pastoris* expressando lisozima humana [J].Ciência e tecnologia da indústria leve,2019,35(08):24-26.

[28]Sun W Y, Song Z J, Wang X D, et al.Otimização das condições de fermentação para a expressão de lisozima de clara de ovo por recombinação[J].China Brewing,2017,36(02):54-57.

[29]Zhang F, Li N Q, Li L H, et al. Uma estratégia de aprendizagem de conjunto semi-supervisionada local para o sensor suave orientado por dados da previsão de potência na geração de energia eólica [J]. Fuel, 2023,33:126435

[30]Xie LN, Tian LY, Gui YY, et al.Estabelecimento dos modelos cinéticos de fermentação da microalga X6 e investigação sobre os efeitos do inositol na sua fisiologia[J].Ata Agriculturae Universitatis Jiangxiensis,2022,44(04):1005-1014.

[31]Shi C C , Liu Y H. PLS-MI BP Modelo de rede neural otimizado pelo algoritmo de busca de antenas de besouro baseado em PLS-MI para previsão do número de octanas da gasolina [J]. Processamento de petróleo e petroquímica, 2021,52 (09): 90-97.

[32]Chen B, Wang X D, Wang R X, et al. A pesquisa de abordagem de modelagem baseada em caixa cinza integrando mecanismo de fusão e dados [J]. Journal of System Simulation, 2019, 31 (12): 2575-2583.

[33]Wang Y Y, Wang K, Jin L K, et al.Modelagem cinética e otimização de processos de produção de avilamicina [J].Journal of Chemical Engineering of Chinese Universities,2019,33(05):1156-1163.

[34]Sun S G, Zuo Y, Zhang S Q, et al. Atividade antioxidante do vinho de amora durante a fermentação com base no modelo de cinética de fermentação [J]. A indústria de alimentos, 2019, 40 (08): 146-151.

[35]Germec M, Karhan M, Demirci A, et al. Modelação cinética, análise de sensibilidade e viabilidade técnico-económica da fermentação de etanol a partir de meios não estéreis à base de extrato de alfarroba no reator de biofilme Saccharomyces cerevisiae num processo de fermentação em lotes repetidos [J]. Fuel, 2022, 324:124729.

[36]Tam V, Butera A, Le K N, et al. Um modelo de previsão da resistência à compressão do betão CO_2 utilizando análise de regressão e redes neurais artificiais[J]. Construção e Materiais de Construção, 2022, 324:126689.

[37]Li Z Y, Zhang Q F, Zhang T, et al.Método para determinar o potencial de armazenamento de CO_2 dissolvido em camadas de salmoura[J].Petroleum Geology and Recovery Efficiency,2023,30(2):174-180.

[38]Ghaffari-Razin S R , Moradi A R, Hooshangi N. Modelação e previsão do TEC da ionosfera utilizando SVM de mínimos quadrados na Europa Central [J]. Avanços na Investigação Espacial, 2022, 70(7):2035-2046.

[39]Sun Y, He D P, Li J. O modelo de previsão SVM de otimização PSO para o ambiente do pavimento de asfalto e a vida útil à fadiga [J]. Jornal Internacional de Tecnologia da Informação e Comunicação,2022,20(4):355-366.

[40]Nikoo M, Malekabadi R A, Hafeez G. Estimativa das propriedades mecânicas de madeiras tratadas termicamente utilizando RNA baseada em algoritmos de otimização[J]. Measurement,2023,207:112354.

[41]LV M. Investigação sobre a previsão da rancidez e a técnica de deteção dos parâmetros relevantes durante o processo de fermentação do vinho de arroz [D]. Hangzhou: Universidade de Zhejiang, 2015.

[42]Chen J D.Identificação e controlo preditivo baseado na regressão vetorial de apoio em linha difusa [D].Wuxin:Jiangnan University, 2013.

[43]Yao Y C, Qiu P, Xu J L, et al.Modelagem de gaseificador de leito arrastado baseado em modelo híbrido[J].Revista CIESC,2021,72(05):2727-2734.

[44]Bangi M S F, Kao K, Kwon J S . Redes neurais informadas por física para modelagem híbrida de fermentação em lote em escala de laboratório para produção de в-caroteno usando Saccharomyces cerevisiae [J]. Chemical Engineering Research and Design,2022,179:415-423.

[45]Tan B. Aprendizagem por transferência de domínio distante [C]. 31ª Conferência AAAI sobre Inteligência Artificial. São Francisco, CA, 2017:2604-2610.

[46]Long W, Liang G, Li X Y. Um novo aprendizado de transferência profunda baseado em codificador automático esparso para diagnóstico de falhas [J]. Transações IEEE em sistemas, homem e cibernética: Sistemas, 2019, 49(1):136-144.

[47]Yi J Y, Tao J H, Wen Z Q, et al. Aprendizagem por transferência adversarial da língua para reconhecimento de fala com poucos recursos [J]. IEEE/ACM Trans. Processamento de áudio, fala e linguagem, 2019, 27(3):621-630.

[48]Gopalakrishnan K, K. Khaitan S, Choudhary A, et al. Redes Neurais Convolucionais Profundas com aprendizagem de transferência para deteção de problemas de pavimento

baseada em visão computacional e orientada por dados [J]. Construção e Materiais de Construção, 2017, 157:322-330.

[49] Van Opbroek A, Ikram M A, Vernooij M W, et al. A aprendizagem por transferência melhora a segmentação de imagens supervisionadas em todos os protocolos de imagem [J]. TRANSACÇÕES IEEE SOBRE IMAGIOLOGIA MÉDICA, 2015, 34(5):1018-1030.

[50] Lin Y, Jung T. Melhorando a classificação de emoções baseada em EEG usando o aprendizado de transferência condicional [J]. Fronteiras em neurociência humana, 2017, 11:334.

[51] Jayaram V, Alamgir M, Altun Y, et al. Aprendizagem por transferência em interfaces cérebro-computador[J]. Revista de inteligência computacional do IEEE, 2016, 11(1):20-31.

[52] Yan G W, He M, Tang J, et al. Sensor suave de carga de moinho de bolas molhadas com base na aprendizagem de transferência de domínio de múltiplas fontes de discrepância média máxima [J]. Controle e Decisão, 2018, 33 (10): 1795-1800.

[53] Zhang Y, Tao Y F, Gong D W.Previsão de carga de edifícios usando LSTM baseado em aprendizagem de transferência com domínio de fonte variável [J].Controle e Decisão, 2021, 36(10): 2328-2338.

[54] Couture J, Lin X K. Hibridização de aprendizagem de transferência baseada em indicadores de imagem e saúde para previsão de RUL de bateria [J]. Aplicações de Engenharia de Inteligência Artificial, 2022, 114:105120.

[55] Gao N, Shao W, Mohammad S R, et al. Aprendizagem por transferência para previsão de conforto térmico em várias cidades [J]. Construção e Ambiente, 2021, 195:107725.

[56] Yu M F.Modelagem de deteção suave e pesquisa de sistema de observação para processo de fermentação de MP de protease alcalina marinha [D]. Zhenjiang: Universidade de Jiangsu, 2020.

[57] Yang W F. Conceção de um sensor suave e de um sistema de monitorização para o processo de fermentação da N-acetilglucosamina [D]. Wuxin: Universidade de Jiangnan, 2021.

[58] Zhang B H,Wu D, Chan A M, et al.Real-time Temperature Monitoring System for Solid-State Fermentation in Pits Based on ZigBee Technology[J].Liquor-Making Science & Technology,2021(09):36-41.

[59] Madrid N, Boulton R, Knoesen A. Monitorização remota de ambientes de adega e cremaria com um sistema de sensores sem fios[J]. Construção e Ambiente, 2017, 119:128-139.

[60] Feng M R, Zhou H L, Zhang J G. Otimização da expressão de colágeno semelhante ao humano por Komagataella phaffii recombinante [J]. Indústrias de Alimentos e Fermentação, 2022, 48 (03): 9-14.

[61] Min Z S,Guo H M, Yan X, et al.Progresso da Engenharia de Bactérias *Pichia Pastoris* na Fermentação de Alta Densidade[J].Boletim de Biotecnologia,2014(03):42-49.

[62] Hiroya Y. Bases moleculares da expressão genética induzida pelo metanol e sua aplicação na levedura metilotrófica Candida boidinii [J]. Biociência, Biotecnologia e Bioquímica, 2009, 73(4):793-800.

[63] Li Y R.Otimização do processo de fermentação de *Pichia Pastoris* com glicose como fonte de carbono e sua regulação induzida [D].Baoding: Universidade de Hebei, 2018.

[64] Song Z J, Xue S, Wang X D, et al.Tecnologia de fermentação e otimização das condições de expressão de *Pichia Pastoris* recombinante que produz lisozima de clara de ovo [J].China Brewing,2018,37(10):20-24.

[65]Lv J D, Wang J. Otimização do processo de fermentação microbiana [J].Chemical Engineering Management,2021(35):161-162.

[66]Wu J, Zhao X X, Yu H S, et al. Progresso da pesquisa do processo de fermentação de alta densidade de *Pichia Pastoris* [J]. China Biotechnology, 2016, 36 (01): 108-114.

[67]Zhao R R, Zhao Z G, Liu F. Modelagem de regressão de processo gaussiano do processo de fermentação com base em informações mútuas de k vizinhos mais próximos [J].CIESC Journal,2019,70(12): 4741-4748.

[68]Abdel-Nasser M, Mahmoud K. Modelos precisos de previsão de energia fotovoltaica usando LSTM-RNN profundo [J]. Computação Neural e Aplicações, 2019, 31(7): 2727-2740.

[69]Yang J X, Zhang S, Liu J C, et al. Previsão de potência fotovoltaica de curto prazo baseada na decomposição do modo variacional e memória de longo prazo de curto prazo com mecanismo de atenção de dois estágios [J]. Automação de sistemas de energia elétrica, 2021, 45 (3): 174-182.

[70]Yu X, Zhang D M, Zhu T Q, et al. Novo algoritmo híbrido de auto-atenção de várias cabeças e multifractal para previsão de séries temporais não estacionárias [J]. Ciências da Informação, 2022, 613:541-555.

[71]Kumar S B, Kumar B A, Jobanputra J H. Planejamento simultâneo de Solar-DG e DSTATCOM em sistema de distribuição reconfigurado usando APSO e GWO-PSO com base na nova função objetivo [J]. Energias, 2022, 16(1):263.

[72]Fang X, Gong G, Li G, et al. Uma estratégia híbrida de aprendizagem por transferência profunda para previsão de energia de curto prazo entre edifícios [J]. Energia, 2021, 215:119208.

[73]Wang M, Deng W. Adaptação profunda do domínio visual: uma pesquisa [J]. Neurocomputação, 2018, 312: 135-153.

[74]Li Z C, Liu Q, Wang H N, et al.Projeto de sistema de aquisição de dados e monitoramento remoto para desenvolvimento de metano em leito de carvão [J].Automação e instrumentação, 2019, 34 (08): 64-68.

[75]Chen W M, Wu Y W. Projeto de Sistema Distribuído de Monitoramento de Temperatura e Umidade Multiponto Baseado em C # e RS485 [J].Automation Application, 2022(08): 13-16+22.

[76]Zare M, Pazooki F, Haghighi S E. Controlador híbrido de modo deslizante difuso não linear e baseado em Lyapunov para um sistema de carga suspensa de quadricóptero [J]. Engenharia, Ciência e Tecnologia, um Jornal Internacional, 2022,29:101038.

[77]Zare M , Pazooki F ,Haghighi S E.Hybrid controller of Lyapunov-based and nonlinear fuzzy-sliding mode for a quadrotor slung load s ystem[J] .Engineering Science and Technology ,an International Journal ,2022 , 29:101038.

[78]Guerrero-Sanchez M E ,Mercado D A ,Lozano R ,et al.IDA-PBC methodology for a quadrotor UAV transporting a cable-suspended payload[C]//2015Inter- national Conference on Unmanned Aircraft Systems (IC- UAS) . IEEE ,2015:470-476.

[79]Guerrero-Sanchez ME ,Hernandez-Gonzalez O ,Lozano R,et al. Controlo baseado em energia e controlo baseado em LMI para um quadricóptero que transporta uma carga útil [J] . Matemática, 2019, 7(11):1090.

[80]Yang Y, Zhang D, Xi H, et al. Controlo anti-balanço e planeamento da trajetória do sistema de carga útil suspensa do quadrotor com cabo de comprimento variável [J]. Asian Journal of Control, 2021.

[81]Liu Z, Liu X, Chen J, et al. Controle de altitude para quadricóptero de carga variável por

meio de controlador de modo deslizante robusto baseado em taxa de aprendizado [J]. IEEE Access, 2019, 7: 9736-9744.

[82] Shi D, Wu Z, Chou W. Observador de estado estendido harmônico baseado em controle de atitude anti-balanço para quadricóptero com carga suspensa [J]. Eletrônica, 2018, 7 (6): 83.

[83] Hashemi D ,Heidari H .Planeamento da trajetória do UAV quadrirrotor com carga útil máxima e oscilação mínima da carga suspensa utilizando um controlo ótimo[J] .Journal of Intelligent & Robotic Systems,2020 ,100(3) :1369-1381.

[84] Sun M Z, Yin L, Tan B F, et al. Um novo sistema para processamento de sinais de vibração e análise multifuncional de tempo-frequência [J]. Jornal da Universidade de Ciência e Tecnologia de Tianjin, 2020, 35 (04): 58-64 + 74.

MIX
Papier aus verantwortungsvollen Quellen
Paper from responsible sources
FSC® C105338
FSC
www.fsc.org